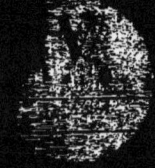

NOUVELLE MÉTHODE

DE

FERRER LES CHEVAUX

AVIS AU LECTEUR

Les connaissances littéraires sont aujourd'hui si répandues que toutes les publications, même sur des sujets techniques, brillent par la pureté et l'élégance du style.

Dans la brochure que j'ai l'honneur de livrer au public, je n'ignore point que la forme fait défaut et doit enlever de l'attrait à mon travail. Aussi c'est sans modestie aucune que je réclame sur ce point toute la bienveillance du lecteur.

Alasonière.

NOUVELLE MÉTHODE
DE
FERRER LES CHEVAUX

POUR PRÉVENIR

L'ENCASTELURE ET LES AUTRES MALADIES DE LEURS PIEDS

En ajoutant au Fer ordinaire

LE FROG-STAY (ARRÊTE-FOURCHETTE)

INVENTÉ PAR

L. ALASONIÈRE

Vétérinaire de 1re classe des Haras impériaux, Attaché au Dépôt impérial d'Étalons de Napoléon-Vendée, ancien Vétérinaire militaire.

> L'élasticité du sabot du cheval, « cette question difficile et obscure encore...... »
> H. BOULEY.

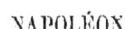

NAPOLÉON

IMPRIMERIE Ve IVONNET

Rues Lafayette et de la Préfecture

1863

INTRODUCTION

Se livrer à l'étude de la ferrure du cheval c'est, sans aucun doute, s'occuper de la partie qui offre le plus d'intérêt, pour l'homme dont la pensée généreuse est de soulager l'animal qui souffre le plus des suites de sa soumission.

En effet, l'application d'un fer sous le sabot du cheval au moyen de clous est une nécessité des plus préjudiciables, car, non seulement, cette application a l'inconvénient, comme le harnachement, de gêner l'animal, mais encore elle a le double désavantage d'être permanente.

Cette raison a donné lieu à de nombreures recherches de la part de beaucoup d'hommes éminents et instruits, qui, parfois sans connaître l'organisation du pied du cheval, se sont efforcés, dans le but d'être utiles à leur pays, de modifier la ferrure de cet animal si précieux; mais malgré leurs efforts, ils n'ont obtenu que des résultats peu satisfaisants.

Il n'y a bien que les hommes qui ont étudié le pied du cheval sous toutes les formes qui aient pu donner quelques renseignements utiles pour ferrer le cheval, car dans cette opération rien ne doit être fait au hasard.

Les vétérinaires et les professeurs des écoles, qui comprenaient l'importance de cette étude, ont fait paraître des travaux approfondis sur ce sujet.

M. H. Bouley, professeur à l'Ecole vétérinaire d'Alfort, profitant des travaux de ses devanciers et des siens propres, vient d'enrichir les ouvrages classiques vétérinaires d'un livre sur l'organisation du pied du cheval, que l'on doit considérer jusqu'à présent comme l'œuvre la plus remarquable et la plus complète.

Les travaux de ce savant professeur sur le pied du cheval sont reconnus, par tous les hommes spéciaux, comme le résumé des idées des meilleurs auteurs; ses descriptions organiques sont irréfutables.

Mais il est un point sur lequel les opinions des auteurs sont partagées, et sur lequel aussi il existe beaucoup d'incertitude. Ce point le voici :

Les observations auxquelles nous nous sommes livré pendant un long exercice de l'art vétérinaire, sur le mécanisme ou l'élasticité du pied du cheval, diffèrent en plus d'un point de celles de M. H. Bouley et d'autres savants vétérinaires.

Notre nouvelle méthode de ferrer le cheval repose entièrement sur la manière d'envisager le mouvement d'élasticité du sabot de cet animal; nous chercherons donc à démontrer que cette question, qui est la plus utile à connaître pour pouvoir ferrer les chevaux avec discernement, est précisément celle dont les bases soient les moins bien établies.

Notre but principal étant de vulgariser notre méthode, nous décrirons aussi succinctement et aussi clairement que possible le mécanisme du pied du cheval tel que nous le comprenons, en ayant soin d'écarter les mots techniques qui nuiraient à l'intelligence de l'exposition de cette méthode. L'expérience nous a assuré qu'en appliquant notre système, tous les inconvénients de la ferrure actuelle disparaissent et qu'on ne voit jamais se produire l'encastelure et ses suites graves.

Si j'acquiers, par ma nouvelle invention, la certitude d'avoir contribué à enlever une des souffrances les plus grandes et les plus pernicieuses causées par la ferrure actuelle, j'aurai atteint mon but et j'aurai la satisfaction d'avoir, après des années d'étude spéciale, résolu un problème et trouvé une méthode qui est si simple, qu'on s'étonnera qu'elle n'ait pas été inventée plus tôt.

PREMIÈRE PARTIE

CHAPITRE PREMIER

DE LA NÉCESSITÉ DE FERRER LES CHEVAUX.

Avant le Ve siècle on n'avait pas songé à protéger le sabot du cheval; mais les services que rendait déjà cet animal, faisaient préférer ceux dont les sabots étaient durs et qui avaient été élevés dans les pays secs et pierreux, parce que leurs pieds supportaient plus facilement les longues routes sans s'altérer. A cette époque, on ne s'occupait encore qu'à donner des soins aux animaux qui avaient la corne usée à la suite de longues marches.

Soit pour permettre la guérison des plaies déterminées par la fatigue, soit pour ménager l'usure de la corne, les anciens entouraient le sabot du cheval d'une chaussure ferrée ; elle était maintenue par des courroies autour du paturon, mais ces courroies avaient le grave inconvénient de développer des plaies qui survenaient dans les paturons.

Vers le milieu du Ve siècle, on commença à protéger le pied du cheval avec une chaussure ferrée, mais on n'appliqua le fer au sabot au moyen de clous qu'au IXe siècle, époque à laquelle, les armées en guerroyant, étaient obligées de faire ferrer leurs chevaux d'une manière solide et permanente, pour ne pas mettre de retard dans leurs marches de plus en plus rapides et de plus en plus longues. Enfin l'emploi plus fréquent qu'on fit du cheval rendit générale la ferrure à clous, qui elle-même a reçu différentes modifications plus ou moins avantageuses.

CHAPITRE II.

LA FERRURE A CLOUS ET SES PROGRÈS.

Lorsqu'on constata la nécessité de ferrer les chevaux avec des fers appliqués sur les sabots, et maintenus par des clous qui pénètrent dans la corne, ce fut d'abord une grande satisfaction; on considéra cette ferrure comme un grand progrès.

Seulement, on remarqua bientôt que cette ferrure produisait des altérations dans la corne, alors on attribua cette désorganisation à l'implantation des clous qui servent à maintenir le fer au sabot; on s'efforça de rechercher le moyen d'amoindrir ce mal, on y parvint en fabriquant le clou à cheval plus propre à remplir le but qu'on se proposait; l'expérience fut pour beaucoup aussi dans la pratique de ferrer, car les hommes appelés à faire ce métier devinrent assez habiles à implanter le clou dans le sabot pour ne pas altérer les parties vives du pied.

Pour beaucoup de personnes, les clous dans la corne du sabot du cheval sont la cause principale des désordres produits par la ferrure; c'est une erreur.

Il y a à peine trente ans, qu'une personne étrangère à

l'étude du pied du cheval s'imagina, pour enlever les souffrances que pouvait donner au cheval la ferrure à clous, d'inventer une ferrure sans clous. Ce fer était maintenu au sabot par une bande mince d'acier qui entourait le sabot dans sa moitié supérieure et qui venait joindre les extrémités du fer en talons; puis au moyen de visses, on serrait le sabot comme dans un étau.

Cette ferrure ne fut pas mise en usage, parce que non-seulement elle était difficile à maintenir, mais encore elle ne pouvait que rendre le pied malade en déterminant une excessive pression des parties sensibles. Enfin, la ferrure à clous fut-elle un mal, que ce mal encore a été reconnu nécessaire.

La ferrure à clous resta longtemps dans l'enfance, personne ne pouvait y apporter remède, l'empirisme et la routine donnaient seuls des conseils; ce ne fut que lorsque les hippiatres exposèrent les préceptes raisonnés de la ferrure, que la maréchalerie reçut les différentes méthodes de ferrures à clous mises en usage jusqu'à nos jours.

C'est surtout depuis la création de nos écoles vétérinaires en France que l'on vit surgir des modifications dans la ferrure du cheval, et bientôt ces méthodes s'amplifièrent à l'étranger.

Malgré les moyens sans nombre qu'on a cru apporter pour faire progresser la maréchalerie, il est regrettable d'avouer que nous n'y avons gagné que bien peu de chose; ces améliorations ne détruisent pas le principal, car elles n'empêchent pas d'apporter de grands préjudices aux services du cheval par la ferrure actuelle qui occasionne de si funestes désordres dans le sabot du cheval.

Ces améliorations n'existent réellement que dans la manière de travailler le fer et de parer le sabot. En effet, les ouvriers ont pris l'habitude de forger le fer plus correctement; les étampures sont mieux placées, il prend mieux le contour du pied, l'ajusture est plus en rapport avec la sole, le fer est fait pour le pied; enfin la ferrure est plus régulière et plus propre.

Mais si nous avons gagné sous ce rapport, hâtons-nous de reconnaître qu'un grand nombre de ces ouvriers s'estiment très-habiles, parce qu'ils savent se servir du boutoir avec une grande facilité pour arriver à enlever la corne jusqu'aux parties vives sans les faire saigner.

Sans se rendre compte du mécanisme du sabot, les meilleurs ouvriers se plaisent à trancher les parties les plus utiles.

Malgré les préceptes les plus recommandés par les vétérinaires, on ne cesse, dans les meilleurs ateliers de maréchalerie, de conserver la mauvaise habitude de diminuer l'ampleur de la fourchette, de détruire les arcs-boutants et les barres si nécessaires au maintien de l'harmonie du sabot dans son appui sur le sol.

La principale raison qui fait que les meilleurs ouvriers marchent d'erreurs en erreurs, c'est que les hommes les plus instruits et les plus pratiques, tels que Lafosse, Girard, Bracy-Clark, etc., en posant leurs principes et en faisant ferrer les chevaux selon les moyens qu'ils employaient, n'ont pas pu diminuer les désordres occasionnés par leurs ferrures; et si le cheval souffre des meilleures ferrures pronées par les plus grands hippiatres, ceux-ci ne peuvent s'empêcher de reconnaître leur impuissance, quand ils voient le mal que cause la ferrure actuelle qu'ils ont toujours recommandée.

Tous les hommes qui s'occupent du cheval, sont à même de juger comme les plus savants hippiatres, que la nécessité de ferrer le cheval est un grand mal pour cet animal; car quelle est la personne qui n'a pas fait la remarque de ce qui se passe dans un sabot ferré depuis six mois ou un an seulement? Il est très-facile d'établir les changements qui s'opèrent dans la forme du sabot, même avec la meilleure ferrure de cette époque.

On ne saurait donc prendre trop de précautions pour ferrer convenablement les chevaux, car non-seulement le mal que produit la ferrure actuelle est grand, mais il est aussi irréparable, comme le dit Girard père dans son *Traité du Pied*, publié en 1813.

« Les inconvénients, dit-il, qui peuvent être le résultat
« de mauvaises ferrures sont incalculables. Les mem-
« bres dont les pieds son mal ferrés se ruinent, se dété-
« riorent deviennent en proie à des maladies graves, qui
« se compliquent de plus en plus, et finissent par rendre
« le cheval incapable de travailler. »

Depuis Girard père, il a paru beaucoup de travaux sur la ferrure du cheval, pas un seul n'a pu encore indiquer un moyen qui puisse prévenir le mal, personne n'a pu réussir à arrêter les effets pernicieux de la ferrure actuelle. Cependant l'expérience a prouvé depuis longtemps que la ferrure à clous a été jusqu'alors reconnue la meilleure.

Que faut-il donc faire ?

En étudiant le mécanisme des mouvements élastiques du sabot du cheval, nous trouverons la cause secrète de tout ce mal, que nous détruirons en appliquant au pied du cheval une nouvelle ferrure.

CHAPITRE III

DU MÉCANISME DES MOUVEMENTS ÉLASTIQUES DU SABOT DU CHEVAL D'APRÈS DIFFÉRENTS AUTEURS.

Cette question de l'élasticité du pied du cheval a soulevé bien des discussions, elle a fait faire beaucoup de recherches par les hommes les plus instruits et les plus observateurs, parce qu'ils ont senti qu'elle était la partie la plus essentielle à connaître et à éclairer, et qu'ils sont convaincus que de sa connaissance exacte doivent ressortir les meilleurs principes pour ordonner convenablement la ferrure du cheval.

Eh bien ! il faut l'avouer, jusqu'ici, les nombreuses expériences qui ont été faites pour éclairer cette question, ainsi que les théories et les volumes qui ont été écrits, n'ont pu atteindre ce but assez sûrement pour qu'on ait encore indiqué l'application d'un fer propre à détruire tout le mal que la ferrure actuelle occasionne.

M. H. Bouley, professeur à l'école vétérinaire d'Alfort, dans son admirable ouvrage sur l'organisation du pied, en donnant tout le développement possible à ce sujet, s'exprimant, page 232, sur le mécanisme du sabot du cheval, considère cette « question comme difficile et

« obscure encore, malgré les investigations si multipliées,
« poursuivies dans le but de la résoudre. »

Les auteurs qui se sont occupés de l'élasticité du sabot du cheval, l'ont comprise de différentes façons. Voici le résumé de leurs opinions.

Lafosse, considérant la corne du sabot comme ayant une seule propriété élastique analogue à celle du caoutchouc, s'exprime ainsi à l'égard de la fourchette :

« La fourchette est une substance molasse, spongieuse,
« flexible, qui par son ressort naturel cède au poids du
« corps dans l'instant que le cheval appuie le pied contre
« le pavé et se remet promptement. »

Dans la pensée de cet auteur, cette flexibilité n'est qu'une propriété inhérente à la substance même de la corne, qui la rend apte à céder sous les pressions aux points où elles s'exercent, à s'adapter aussi aux irrégularités du terrain et à servir d'appareil protecteur aux parties qu'elle enveloppe.

Lafosse, en reconnaissant à la corne du sabot du cheval une flexibilité inhérente à la nature de son tissu, est dans le vrai ; mais il était réservé à Bracy-Clark de trouver à la corne, non-seulement des qualités inhérentes à la substance, mais surtout de constater le mécanisme de ses différentes parties constituantes.

Dans la pensée de cet auteur anglais, le sabot est un véritable appareil mécanique, admirablement disposé pour réagir à la manière d'un ressort élastique sous l'effort des pressions.

Cette conception, qui est due à Bracy-Clark, est celle qui rencontre le plus de partisans, parce qu'elle est aussi la plus compréhensible, et qu'elle donne une idée plus satisfaisante de l'organisation du sabot et de ses fonctions.

Pour démontrer la solidité du sabot et ses propriétés élastiques, Bracy-Clark a décomposé le premier la boîte cornée en trois parties constituantes; il est donc juste de l'en reconnaître l'inventeur.

Ces trois parties réunies qu'on désigne sous le nom de *boîte cornée*, d'*ongle* ou de *sabot*, représentent un appareil qui prend la forme de l'os du pied, en se modelant sur les parties qu'il enveloppe, elles se nomment :

La première, la *muraille* ou *paroi*.

La deuxième, la *sole*.

La troisième, la *fourchette* avec le *périople* qui entoure tout le bord supérieur du sabot.

La première, la *muraille* ou *paroi* du sabot, est cette partie du sabot qui en constitue l'enceinte circulaire et dont la forme propre est cylindrique; elle se divise en plusieurs régions.

La partie centrale est connue sous le nom de *pince*, les régions situées de chaque côté de la *pince*, sont en raison de leur contour symétrique, désignées sous le nom de *mamelles*.

En arrière des *mamelles*, la région de cette *muraille* se nomme *quartier*, parce qu'elle occupe à elle seule le quart du sabot, et en arrière des quartiers, les *talons* ou *arcs-boutants*, et enfin deux bandes qui se dirigent des talons au centre du sabot que l'on appelle les *barres* qui se réunissent en pointe pour séparer la sole de la fourchette.

La deuxième, la *sole* unie avec les barres de la paroi et la fourchette forment le *plancher inférieur* de la boîte cornée.

Sa forme est celle du contour que décrit le bord plantaire de la paroi à laquelle elle adhère intimement; elle représente une plaque cornée, épaisse, irrégulièrement convexe par sa face supérieure et concave par sa face inférieure, elle est circulaire dans les cinq-sixièmes de son contour et entaillée dans sa partie postérieure d'une échancrure angulaire profonde, où sont logées la fourchette et les barres.

La troisième, la *fourchette* et son *périople*.

Quoique la *fourchette* et le *périople* ne fassent à proprement parler qu'une même partie de l'ongle, il est utile pour en faciliter la démonstration de les décrire séparément.

La *fourchette* se trouve située à la partie postérieure de la sole, elle en remplit l'échancrure en suivant les barres de la paroi jusqu'à leurs extrémités qu'elle réunit l'une à l'autre, elle complète ainsi le *plancher du sabot*.

Par sa face supérieure ou interne, la fourchette peut être considérée comme l'empreinte exacte du corps du coussinet plantaire; elle est creuse, pour recevoir le corps pyramidal de la fourchette de chair ou le coussinet plantaire.

Cette cavité est séparée dans sa partie postérieure par une éminence cornée aplatie d'un côté à l'autre, qui se termine par un bord convexe, mince et saillant, destinée à être logée dans la cavité du coussinet plantaire appelée *lacune médiane*.

Cette éminence remplit des fonctions qui ne sont pas appréciées de la même manière par les auteurs; mais comme il est très-important de se rendre un compte exact des fonctions de cette éminence, nous donnerons de suite notre avis à ce sujet.

Nous considérons cette éminence comme un lien qui unit fortement le *coussinet plantaire* ou la *fourchette de chair* à la *fourchette cornée*, et qui est destiné à arrêter le *coussinet plantaire*, lorsqu'il est poussé en avant pendant le premier appui de la pince du sabot sur le sol.

La face inférieure de la fourchette représente une disposition inverse de sa face supérieure.

La partie pleine de la fourchette est désignée sous le nom de *corps*, les divisions postérieures sont appelées *branches*; le *sillon* qui sépare les branches reçoit le nom de *lacune médiane* ou *vide de la fourchette*.

La fourchette a pour base deux sortes de bulbes ou renflements des extrémités de ses branches qui s'épanouissent en deux plaques appelées *glomes*, lesquelles après avoir embrassé les talons ou angles d'inflexion se prolongent autour de la partie supérieure du sabot sous la forme d'une bande appelée *périople*.

Le *périople*, comme on l'a dit, n'est que la continuité de la fourchette dont les prolongements, après avoir embrassé dans leurs cavités les convexités des talons, se rétrécissent pour entourer le bord supérieur du sabot sous la forme d'une bande rubanée qui constitue autour du sabot, de concert avec la fourchette, un anneau ou cercle élastique complet; il correspond à l'organisation interne du pied. En effet, il existe un second anneau interne, formé par la réunion de l'os du pied, de son fibro-cartilage et de son coussinet plantaire; cet anneau, dans lequel passe le tendon fléchisseur du pied, lui sert de soupente propre à amortir le poids du corps dans les mouvements désordonnés.

Bracy-Clark, après avoir fait connaître les descriptions de ces trois parties, ajoute :

« Après les avoir considérées isolément nous les exa-
« minerons ensuite réunies, afin de démontrer qu'elles
« forment, par leur assemblage, non-seulement une boîte
« cornée destinée à protéger le pied, mais encore une
« magnifique machine possédant de remarquables pro-
« priétés, et le pouvoir presque infini de céder sous le
« poids, faculté aussi indispensable que celle de défendre
« et de protéger les parties qu'il contient. »

Dans les nombreuses expériences faites pour appuyer les principes émis par Bracy-Clark, il a été admis que, pendant l'appui du pied sur le sol, il existait un mouvement d'*écartement du sabot*, sensible surtout vers sa *partie postérieure*. Cet écartement serait dû à un abaissement de la sole et à un abaissement de la fourchette, que l'on a considérés jusqu'à présent comme deux puissances appelées à développer l'écartement des talons, et lorsque ce mouvement d'abaissement cesserait, la paroi se resserrerait en revenant sur elle-même par sa seule propriété élastique.

En effet, il est bien démontré que l'*abaissement* de la *sole* produit l'*écartement* de la *paroi*, mais nous n'admettons pas que l'*abaissement de la fourchette* puisse amener l'écartement de la paroi; nous chercherons au contraire à prouver que dans ce mouvement elle *tend à resserrer les talons*.

M. Périer, vétérinaire très-distingué, alors attaché comme vétérinaire en premier au 2e cuirassiers, a fait paraître un ouvrage dans lequel il admettait en principe que le sabot se dilate pour ensuite se resserrer.

« Le poids, dit-il, transmis par les rayons osseux de-
« vient tour à tour *force dilatante* et *force contentive*,
« suivant les points du sabot où il exerce sa pression. »

M. John Gloag ne s'est pas contenté d'une théorie faite dans son imagination; il prétend, par les expériences qu'il a faites, avoir démontré que le système de Bracy-Clark était faux, que dans l'appui du sabot sur le sol, la *sole* ni la *fourchette* ne *s'abaissaient* et qu'il n'existait pas d'*écartement* de la *paroi*; que l'on avait confondu ce mouvement avec un *allongement en arrière des talons*, qui se produisait d'autant plus que l'appui sur le sol était plus fort.

Ce nouveau système, qui tend à effacer le principe fondamental de la physiologie du pied, a rencontré de nombreux détracteurs parmi les vétérinaires anglais. Ils ont soulevé de nombreuses discussions sur cette question, qu'ils regardent comme la plus intéressante de toutes celles qui concernent le cheval, en raison des fréquentes maladies de cette région, de l'impossibilité de les prévenir, de la difficulté d'y porter remède et des pertes considérables que ces maladies entraînent malheureusement trop souvent.

MM. Cherry et Reeve, vétérinaires anglais, combattirent les idées de M. Gloag; M. Reeve surtout fit des expériences qui démontrèrent la vérité de la théorie de Bracy-Clark, qui le premier attribua au sabot du cheval, la propriété d'élasticité qui se traduit par l'écartement des parties postérieures du pied et par la descente pendant l'appui, de la sole, des arcs-boutants et de la fourchette.

Afin de prouver ce qu'il avançait, M. Reeve s'imagina d'adapter une herse renversée à un fer appliqué à un bon pied; il constata que les pointes de la herse qui ne touchaient pas d'abord à la sole, avaient pénétré dans la corne pendant l'appui du pied sur le sol.

Au moyen d'une herse latérale qu'il appliqua sur le côté du pied en la soudant au côté externe du fer, il put aussi s'assurer que les pointes de cette herse qui ne touchaient pas d'abord à la paroi, donnaient une preuve de l'écartement du sabot, en laissant des traces de leurs piqûres dans la corne, lorsque le cheval a été mis à de grandes allures.

Mais une remarque, très-essentielle à signaler, c'est que les pointes de la herse latérale qui se trouvaient placées près des talons ne touchaient pas la corne de la paroi, *elles n'avaient pas laissé de traces.*

Tous les hommes qui se sont occupés de la ferrure du cheval ont admis que dans le sabot de cet animal il existe un mouvement d'écartement et de resserrement de la paroi sans lequel le cheval souffre. Mais ce qui n'a pas été encore démontré d'une manière péremptoire, c'est le point où se borne l'écartement et comment s'opère le resserrement du sabot.

Nous croyons avoir trouvé la solution de ce problème,

non pas par un travail d'imagination, mais en appuyant notre opinion sur les constatations suivantes :

1º L'analogie qui existe dans les mouvements des extrémités de tous les animaux ;

2º L'examen de la cause des altérations du pied du cheval avec la ferrure actuelle ;

3º La preuve que les moyens employés jusqu'à nos jours, soit pour guérir, soit pour prévenir le mal occasionné par la ferrure, n'ont eu que des résultats insignifiants ;

4º Enfin l'application de notre méthode de ferrer les chevaux qui prévient les principales altérations du sabot du cheval, produites par la ferrure actuelle.

DEUXIÈME PARTIE

CHAPITRE IV

DE L'ÉLASTICITÉ DU SABOT DU CHEVAL CONSIDÉRÉE SOUS UN NOUVEAU POINT DE VUE.

Jusqu'à cette époque, malgré les théories émises sur l'élasticité du sabot, les expériences et les observations des grands maîtres de la science vétérinaire, personne n'a pu encore donner la description du véritable mécacanisme du pied du cheval sur lequel puisse reposer des principes de ferrure propres à arrêter les progrès du mal.

Tout en reconnaissant combien nous avons été heureux de consulter les différents ouvrages qui ont été écrits sur ce sujet, les nombreuses observations auxquelles nous nous sommes livré nous ont permis d'envisager le mouvement élastique du pied d'une manière toute autre qu'on ne l'a fait jusqu'à ce jour. Ces observations nous ont suggéré l'invention d'une nouvelle ferrure qui détruira les inconvénients et les souffrances produits par la ferrure actuelle.

Les contradictions qui existent parmi les auteurs les plus éminents qui ont étudié le mouvement élastique du sabot, sont peut-être dues à ce que les expériences n'ont pas été faites dans les mêmes conditions, et peut-être encore les expérimentateurs n'ont-ils pas employé le moyen qui devait faire ressortir la vérité.

En effet, les résultats doivent être bien différents, suivant que les expériences sont faites sur un sabot ferré depuis longtemps ou sur un sabot ferré pour la première fois ; le sabot, dans le premier cas, a dû perdre de son élasticité, et dans le second cas on ne peut affirmer, d'après nous, que, bien que le fer soit attaché au sabot dans les meilleures conditions, il se produira les mêmes mouvements que dans un sabot non ferré.

Si ce mouvement est un secret de la nature, cherchons donc dans les extrémités des autres animaux et celles du cheval l'analogie qui doit exister dans leurs mouvements élastiques.

CHAPITRE V

DE L'ANALOGIE DANS LES MOUVEMENTS DES EXTRÉMITÉS DE TOUS LES ANIMAUX

Chez le cheval, comme chez tous les autres animaux, la nature n'a rien négligé pour approprier l'organisme à leur locomotion; mais il est un fait très-essentiel à relater, c'est que, s'il existe des modifications apportées dans les organes des différentes espèces, elles peuvent se trouver dans le plus ou moins grand nombre, dans la forme et la position que ces organes occupent; mais ces changements n'altèrent jamais ni leur structure, ni leurs fonctions.

Dans les membres qui sont les parties les plus essentielles à étudier dans le sujet qui nous occupe, nous remarquons chez tous les quadrupèdes une succession de rayons plus ou moins longs, plus ou moins fléchis et plus ou moins solides, mais tous constituent des soupentes destinées à amoindrir le poids du corps dans son appui par ses extrémités sur le sol, et tous, sans avoir les mêmes besoins, sont pourvus à leurs extrémités plantaires d'un coussinet élastique et sensible, plus ou moins développé et destiné aussi bien à amoindrir le choc sur le sol, qu'à apprécier les objets par le toucher.

Quoique le cheval soit d'un ordre chez lequel il n'existe qu'un doigt, les organes qui composent le pied de ce solipède ont la même structure et ils remplissent les mêmes fonctions que chez les autres quadrupèdes; il ne peut en être autrement, car, sans cette condition, ce serait un écart de la nature qu'il faudrait considérer comme un phénomène.

Pour démontrer péremptoirement ce que nous avançons, nous pouvons prendre pour comparaison un fait qui est à la connaissance de tout le monde.

De grandes modifications peuvent se produire dans la dentition des différents animaux, suivant les ordres auxquels ils appartiennent. Les dents peuvent être plus ou moins nombreuses, leur position peut être changée et la forme peut être différente; mais leur structure, leur composition chimique restent les mêmes chez tous les animaux, et toujours aussi leurs fonctions ne changent jamais, elles sont destinées à la mastication.

Ce principe étant bien établi, il nous est facile de comprendre que chez le cheval, quoi qu'il n'ait qu'un seul doigt, nous devons trouver dans les organes qui le constituent la même structure des tissus, et remplissant les mêmes fonctions que dans les organes des animaux qui ont plusieurs doigts.

En présence du poids de son corps et de la rapidité de ses mouvements, le cheval devait avoir dans son pied une rigidité et une flexibilité parfaitement propres à remplir un double office de soutien et de mouvement impulsif; c'est pour ces raisons que l'os du pied et son fibro-cartilage élastique forment une soupente interne des plus résistantes, et que le pied est enveloppé entièrement par une boîte cornée des plus solides, tout en conservant de l'élasticité.

Malgré cette organisation puissante, il existe entre elle et l'organisation des pieds des autres animaux la plus grande analogie.

Chez les uns comme chez les autres, lorsqu'ils se mettent en mouvement, la première action qui se produit, c'est la contraction.

Les extrémités phalangiennes de tous les animaux éprouvent, soit avant, soit pendant, soit après l'appui sur le sol, deux mouvements bien distincts, que l'on peut appeler l'un de *contraction* et l'autre de *dilatation*.

Chez les animaux à plusieurs doigts, comme le bœuf, le porc, le chien, etc., qui ont la corne divisée en deux ou plusieurs parties, il arrive souvent que le coussinet plantaire appuie le premier sur le sol et que l'appareil corné protège peu ou point les parties molles; dans ce cas, la première action qui se produit, avant même l'appui sur le sol, c'est la contraction des parties qui constituent le coussinet plantaire.

Cette action contractile du centre musculaire, qui se transmet aux extrémités phalangiennes, en s'opérant, sert à maintenir les phalanges rapprochées, afin que lorsque l'extrémité plantaire s'appuiera, cette contraction ou ce resserrement serve de modérateur à leur écartement, et pour que les membranes qui unissent les phalanges ne soient pas déchirées.

Avant d'admettre la plus grande analogie entre les mouvements des extrémités des autres animaux et ceux des extrémités du cheval, il est utile de savoir de quelle manière se fait l'appui du sabot de cet animal sur le sol.

Des parties qui composent la face plantaire du sabot, celles qui touchent le sol, sont d'abord, le bord inférieur de la paroi, les arcs-boutants, la marge périphérique de la sole et la partie postérieure de la fourchette; les barres et le centre de la sole restent élevés au-dessus du terrain.

Ces faits établis, il nous sera facile de démontrer exactement les mouvements qui s'exécutent dans le sabot du cheval pendant son appui sur le sol.

La *sole*, qui sert de plancher à l'os du pied, forme à sa face supérieure un plan incliné d'arrière en avant qui force l'os du pied et le coussinet plantaire à se porter en avant, lorsque le sabot touche le sol par sa pince. A ce premier moment, comme chez tous les autres animaux, le mouvement de contraction ou de resserrement des parties postérieures du sabot s'opère par un mouvement du coussinet plantaire qui, en se portant en avant, entraîne la fourchette dans sa direction dans le but de modérer l'écartement de la paroi qui va se produire par la pression du poids du corps sur la sole. Sans ce modérateur, cette pression aurait pu détruire l'harmonie du sabot, au premier effort violent que le cheval aurait fait.

Après ce premier resserrement des parties postérieures, il s'opère un écartement de la paroi qui est dû à la pression du poids du corps sur le centre convexe de la face supérieure de la sole.

Cette dilatation, que l'on peut comparer à l'épanouissement des membranes qui séparent les phalanges des animaux à plusieurs doigts, ne se fait pas sentir de la même façon sur tous les points de la face interne de la paroi du sabot du cheval. L'écartement de la paroi est d'autant plus grand, que la sole, qui est le plancher flexible sur lequel réagit le poids, peut le plus s'écarter elle-même.

Aussi, lorsque le poids du corps vient à presser la face supérieure de la sole, celle-ci, dans le développement de son étendue, par cette pression, ne fait pas subir un grand écartement à la pince de la paroi, elle ne fait qu'assurer la solidité et la rigidité du centre de l'arc, tandis que la pression agissant progressivement d'avant en arrière, l'écartement de la paroi étant dans des rapports directs avec l'écartement de la sole, dont le mouvement est beaucoup plus étendu vers les talons, puisqu'elle est entaillée dans sa partie postérieure.

La sole, dans ce cas, représente un ressort convexe, au centre duquel la pression s'exerçant, ses extrémités transmettent leur puissance et forcent les parties latérales de la paroi à s'éloigner et à produire un écartement subordonné aux efforts de la pression du poids sur la sole.

Cet écartement, qui a été constaté par Bracy-Clark, par les expériences faites par M. Reeve au moyen de sa herse, par beaucoup de vétérinaires, et soutenu par M. H. Bouley dans son ouvrage sur l'organisation du pied du cheval, est dû, suivant ces auteurs, non-seulement à l'abaissement de la sole, mais encore davantage à l'abaissement du coussinet plantaire et de la fourchette.

Cette erreur est la base de toute l'obscurité qui règne depuis trop longtemps dans les études qui ont été faites sur les mouvements élastiques de la partie postérieure du sabot.

En effet, comment comprendre que l'abaissement de la sole et de la fourchette concourent ensemble à l'écartement de la paroi et surtout dans sa partie postérieure, et que cet abaissement cessant, la paroi revient sur elle-même ? Est-ce que le simple raisonnement ne devrait pas faire surgir l'idée que, s'il en était ainsi à tout moment, et aux premiers efforts violents, le cheval serait susceptible d'éprouver de grandes douleurs dans le pied, pendant qu'il se produirait un écartement assez considérable pour déchirer les liens qui unissent les parties du pied entre elles ; il a donc fallu que ce mouvement fût arrêté par une action contentive assez puissante pour modérer les efforts d'une pression trop forte.

L'écartement des parties latérales et postérieures du sabot, s'arrêtant avant les arcs-boutants ou les talons, ainsi que l'ont constaté les expérimentateurs au moyen de leur herse latérale, il faut donc reconnaître que cet écartement n'est dû qu'à l'éloignement des branches de la sole qui se produit lors de son abaissement.

Mais pendant ce mouvement d'écartement de la paroi, jusques auprès des talons, la fourchette s'abaisse et opère un mouvement contraire et contentif produisant un resserrement ou un rapprochement des talons, qui ne s'arrête que lorsque la fourchette a touché le sol. En un mot, il se passe dans le pied du cheval ce que nous remarquons dans ceux des autres animaux. En même temps que leurs extrémités phalangiennes s'écartent, il existe un mouvement contractile dû à l'abaissement de la fourchette qui limite l'écartement.

D'ailleurs, n'est-il pas facile de démontrer ce que nous avançons en se rendant compte de l'organisation des parties postérieures du sabot.

La paroi du sabot du cheval qui peut être comparée à un arc dont les extrémités, après s'être contournées aux talons pour se réunir au centre, forment les arcs-boutants et les barres qui constituent deux plans verticaux inclinés de dedans en dehors; leurs bords supérieurs sont unis à la fourchette sur lesquels elle s'appuie et le bord inférieur est uni à la sole.

Cette construction est telle, qu'elle a la plus grande analogie avec la figure géométrique que forme l'arc d'un pont, au centre duquel une pression sur la clef donne de la solidité en rapprochant les côtés. Mais comme le sabot du cheval, indépendamment de cette configuration, est formé de substances plus molles et plus élastiques, il en résulte, que lorsque la clef ou la fourchette s'abaisse, elle contribue d'abord à empêcher l'écartement trop considérable des parties postérieures de la paroi et à les maintenir pendant le temps qu'elle touche le sol; cela est si vrai, que lorsqu'un cheval n'a jamais été ferré, il laisse toujours sur un sol mou l'empreinte de la fourchette.

Dans ce cas, l'abaissement de la fourchette a produit un resserrement des parties postérieures du sabot en rapport avec l'écartement de ces parties qui a été déterminé par la pression du poids du corps sur la sole.

Mais si la fourchette, qui doit naturellement toucher le sol à la moindre pression qu'elle reçoit, ne le rencontre pas, et qu'elle en soit éloignée par la ferrure, il se produira un mouvement anormal qui développera, dans un abaissement trop considérable de la fourchette, le resserrement du sabot, en entraînant les barres et les talons vers le centre et en déterminant les tiraillements des parties vives. Ce mouvement irrégulier est la cause de tous les désordres qui sont les suites de ce resserrement anormal.

La ferrure actuelle produit tous les inconvénients que nous venons de signaler, et elle repose sur une erreur que nous allons combattre.

Cette erreur porte sur deux points qu'il est très essentiel d'expliquer.

Il est admis généralement, en maréchalerie, que les parties postérieures de la paroi s'écartent par la descente de la fourchette; tandis que nous avons démontré que cet écartement du sabot, qui n'a lieu que jusqu'aux talons exclusivement, n'était dû qu'à l'éloignement des branches de la sole lorsqu'elles subissent une pression.

En effet, comment comprendre que l'abaissement de la fourchette, qui doit produire d'après les principaux auteurs l'écartement des parties postérieures du sabot, détermine au contraire un resserrement d'autant plus considérable que la fourchette est plus éloignée du sol ?

D'ailleurs, l'anneau formé par la fourchette et le périople qui entoure la partie supérieure du sabot étant élastique, la fourchette en s'abaissant le fait nécessairement allonger. Dans ce changement de forme, l'anneau, en se rétrécissant, doit resserrer ou contenir les parties postérieures du sabot pour qu'elles ne s'écartent pas.

Une seconde erreur à combattre, c'est celle qui consiste à admettre de la part des auteurs que la fourchette ne touche que fort rarement le sol, lorsque le sabot appuie dessus, et pour preuve M. H. Bouley, dans son *Traité de l'Organisation du Pied*, page 203, dit :

« Si l'on place sur une table unie le relief en plâtre
» d'un pied qui n'a jamais été ferré, et qui a usé natu-
» rellement, en le faisant poser par sa face plantaire,
» on voit que les branches de la fourchette demeurent
» élevées d'environ trois huitièmes de pouce au-dessus
» du bord inférieur de la paroi, qui seul porte sur la
» table. »

Cette assertion est vraie dans le cas d'un pied posé sur une table, mais il n'en est pas ainsi d'un pied pendant les violents efforts que l'animal peut faire.

En effet, quoique les branches de la fourchette d'un pied qui n'a jamais été ferré ne soient pas au niveau du bord de la paroi, il est certain que sa partie postérieure est toujours à la hauteur des talons lorsque le pied a usé sa corne sur un terrain convenable. D'ailleurs, un fait qu'il est facile de constater, c'est que toujours, dans un pied bien conformé et qui n'a jamais été ferré, aussitôt que le cheval est mis en mouvement, la partie postérieure de la fourchette s'abaisse assez pour toucher le sol de quelque nature qu'il soit.

Ce fait que nous avons eu souvent l'occasion de constater par les nombreuses observations que nous avons faites, depuis que nous habitons la Vendée, où les chevaux arrivent à l'âge de trois ou quatre ans, et quelquefois plus, sans avoir été ferrés, nous a été rendu irrécusable à l'occasion des concours de poulains de deux ans qui se tiennent sur la belle place de Napoléon-Vendée, le 1er juin de chaque année.

Les éleveurs de la Vendée amènent à ce concours généralement les meilleurs poulains qu'ils ont pu conserver et que les marchands de la Normandie et des autres pays n'ont pu leur enlever.

Comme le plus souvent ces animaux sont amenés de dix à quinze lieues, des propriétaires prennent la précaution de les faire ferrer pour la première fois, d'autres moins éloignés se dispensent de cette peine.

Eh bien! plusieurs fois, à ces concours, en faisant lever les pieds des chevaux non ferrés, nous avons remarqué, comme nous avons eu souvent l'occasion de le constater, sur des chevaux beaucoup plus âgés, que la partie postérieure de la fourchette était toujours au niveau des talons.

Nous avons aussi constaté que lorsqu'on faisait trotter les poulains qui n'avaient jamais été ferrés, leurs fourchettes étaient imprimées sur le terrain le plus dur de la place macadamisée; tandis que ceux qui avaient été ferrés pour la première fois et auxquels on laissait même subsister toute la fourchette, ne laissaient apparaître aucune trace de son impression.

Cette preuve dénote, il me semble, que d'abord la ferrure la plus mince éloigne la fourchette du sol à la première ferrure, et que si l'animal l'a été depuis longtemps, cet éloignement devient plus considérable.

Mais un fait palpable qui ressort nettement de cette expérience, c'est que la fourchette du cheval, qui recouvre le coussinet plantaire, est, comme chez tous les autres animaux, destinée à toucher le sol; seulement chez le cheval elle arrive tardivement, selon les besoins, à amortir légèrement l'effet de la pression, pour aussi ressentir et distinguer les objets qui peuvent nuire à l'appui du pied sur un terrain plus ou moins difficile.

CHAPITRE VI.

COMMENT SURVIENNENT LES ALTÉRATIONS DU PIED DU CHEVAL AVEC LA FERRURE ACTUELLE.

Partout où se trouve le cheval ferré, il existe des altérations dans le pied de cet animal. Dans toutes les parties du monde, où il est nécessaire de ferrer les chevaux, la ferrure jette un trouble dans l'organisation du sabot; que cette ferrure soit appliquée même dans les meilleures conditions, rien n'empêche que les pieds des chevaux ne subissent des souffrances à un degré plus ou moins grand.

Ces altérations se développent non-seulement sur le cheval du propriétaire, qui ignore les principes de la ferrure, mais encore sur ceux dont la ferrure est surveillée par les hommes les plus capables.

On voit, en effet, que dans les établissements les mieux tenus, où les chevaux sont ferrés par les meilleurs maréchaux des grandes villes, comme Paris, par exemple, qu'il existe considérablement de chevaux qui souffrent des pieds. Dans l'armée, où la maréchalerie est l'objet d'une grande surveillance de la part des vétérinaires, le nombre des chevaux malades des pieds ne diminue pas.

Dans les haras impériaux, où on a le droit d'exiger des hommes capables, les maréchaux sont intelligents et ils sont guidés par des vétérinaires qui comprennent l'importance de leur mission; cependant, rien ne peut arrêter les progrès du mal, pas même les soins donnés aux pieds des chevaux de grande valeur de ces établissements.

Par notre position et par notre longue pratique, nous avons eu l'occasion d'observer les pieds des chevaux de presque toutes les parties d'Europe, d'Afrique, d'Asie et d'Amérique, et partout, nous avons reconnu le même mal produit par une ferrure mal entendue.

Le sabot du cheval s'altère suivant les causes qui agissent sur lui.

Ces causes sont de deux ordres : les premières déterminent des altérations susceptibles de guérir; les autres occasionnent des maladies qui restent le plus souvent incurables, malgré tous les moyens qu'on peut mettre en usage.

Les premières causes amènent une transformation insensible du sabot, qui n'est pas autre chose que l'atrophie de toutes les parties qui constituent le pied du cheval.

Cette atrophie, que l'on a confondue avec l'encastelure, se développe sous l'influence de beaucoup de causes.

Les chevaux élevés dans les lieux humides, transportés dans un pays sec, la corne devient naturellement moins aqueuse, la peau des extrémités devient moins épaisse. Le bourrelet qui entoure la partie supérieure de la paroi et qui sécrète la corne a moins de volume, contient beaucoup moins de parties séreuses ; la corne sécrétée est moins épaisse.

Lorsque les chevaux sont trop longtemps à l'écurie, que le pied a manqué de mouvement, le sabot a diminué de volume, parce que le pied n'étant pas exercé, la sécrétion cornée est moins active.

C'est surtout lorsque les chevaux ont été boiteux pendant longtemps, et que le sabot a été laissé en l'air, qu'on remarque une grande diminution dans le volume du sabot ; mais la cause principale de l'atrophie du sabot et à laquelle il est difficile de remédier, c'est la ferrure ou le maintien d'un cercle de fer par des clous à la face plantaire du sabot qui, en modérant son mouvement, occasionne son atrophie.

Mais tout en reconnaissant l'effet produit par ces causes, hâtons-nous de démontrer que cette diminution dans la forme du sabot n'a occasionné aucune altération des parties qu'il contient ; car le manque de mouvement d'une partie a toujours diminué son volume, et si cette partie est souvent exercée son volume augmente, sans que pour cela, dans l'un comme dans l'autre cas, cette partie soit malade.

Les sabots qui sont seulement atrophiés conservent leurs formes régulières. Prenons pour exemple un cheval qui n'aurait jamais été ferré et qui aurait eu une fracture d'un membre, qui se serait réduite ; pendant trois ou quatre mois le cheval ne s'étant pas appuyé par terre, le sabot, tout en s'atrophiant, conserve ses formes normales ; mais avec moins de volume, et s'il vient à guérir et qu'il soit soumis à un travail régulier, tout en n'étant pas ferré, son sabot devient aussi large qu'avant.

Il faut donc bien distinguer l'atrophie du sabot, de l'encastelure, puisque l'atrophie, quoi qu'elle occasionne la diminution des parties, ne les rend pas malades, tandis que l'encastelure détermine le resserrement des parties postérieures du sabot en désorganisant ses mouvements élastiques.

Ce n'est que lorsque l'on n'a pas su faire cette distinction, que l'on a prétendu guérir des sabots encastelés qui n'étaient véritablement qu'atrophiés, et que l'on aurait aussi bien guéris en les débarrassant de leurs fers et en les mettant pendant quelques mois dans des prairies légèrement humides.

Toutes ces causes du premier ordre, qui diminuent le volume du sabot du cheval, si elles n'agissaient que seules, le pied ne subirait pas toutes les désorganisations que l'art est impuissant à guérir.

Tandis que les causes du second ordre, qui agissent toujours simultanément avec les premières, pourraient seules développer toutes les plus grandes souffrances du pied du cheval.

Ces causes existent dans l'impossibilité où est la ferrure actuelle d'arrêter la fourchette qui, par le poids et la pression du corps, doit arriver à toucher le sol assez tôt pour ne pas permettre le resserrement des parties postérieures du sabot, ainsi que nous avons cherché à le démontrer déjà, en comparant le mouvement élastique des extrémités des différents animaux.

Ce resserrement peut se produire plus ou moins facilement, suivant les conditions où se trouve le sabot.

Les chevaux jeunes, auxquels on applique des fers aux sabots, subiront ce resserrement; la corne est plus molle, son mécanisme est moins parfait comme solidité, les articulations ne sont pas encore faites et les tendons n'ont pas acquis leur développement.

Pour les chevaux élevés dans des pays humides, comme les marais, qui en produisent de beaux et de bons, leur corne est ramollie, le bourrelet est imprégné d'humidité, la peau des extrémités est épaisse, la sécrétion cornée est abondante, elle donne des sabots évasés, des fourchettes volumineuses et molles, les périoples sont aussi plus développés et plus mous, les talons sont bas.

Les sabots qui se trouvent dans ces conditions doivent nécessairement subir un resserrement plus prompt, si toutefois la fourchette n'a pu atteindre le sol quand les sabots sont ferrés et que les animaux ont dû faire de grands efforts; parce que la fourchette en descendant, n'ayant pas rencontré de résistance, entraîne plus facilement des parties molles qui n'ont pas acquis leur maturité ou qui ont été maintenues dans un milieu qui ne permet pas qu'elles aient assez de résistance.

Les sabots qui sont dans les meilleures conditions, parce que les animaux sont nés avec de bons pieds et qu'ils ont été élevés dans les pays secs et pierreux, peuvent encore subir très-promptement la mauvaise influence de la ferrure; ces sabots ont les talons hauts, les fourchettes moins volumineuses, elles se trouvent déjà par leur nature moins exubérantes; alors la ferrure, qui dans tous les cas éloigne la fourchette du sol, dans ce dernier, les talons étant plus élevés, les fourchettes plus rentrées, elles ont beaucoup plus de peine à atteindre encore le sol que les pieds évasés, chez lesquels les fourchettes sont très-volumineuses ; aussi voit-on, dans l'un comme dans l'autre cas, les sabots se resserrer faute de donner à leurs fourchettes des planchers qui puissent arrêter leur descente et qui seraient destinés à remplacer le terrain que les fourchettes rencontrent toujours lorsque les animaux n'ont pas été ferrés, et surtout quand ils viennent à faire de grands efforts.

Ce resserrement, que l'on appelle l'encastelure du sabot, ne doit pas être confondu avec le resserrement que nous désignons simplement sous le nom d'atrophie du sabot.

Ces deux resserrements diffèrent entre eux par les causes qui les développent, par les caractères qui les distinguent et par les résultats qu'ils occasionnent.

Dans l'atrophie, c'est le manque de mouvement sans étreinte des parties sensibles, occasionné principalement par le fer appliqué d'une manière permanente au sabot.

Les caractères de l'atrophie du sabot se distinguent par un plus petit volume du sabot dont la corne est plus sèche, mais elle reste unie et polie et conserve ses proportions.

Cette atrophie peut avoir pour résultat d'empêcher le développement et la force du pied, elle peut dévier les aplombs, mais elle ne détermine jamais la désorganisation des parties constituantes du pied.

Dans l'encastelure, au contraire, la cause qui la développe, c'est que le mouvement des parties postérieures a été trop prolongé; la fourchette, en s'abaissant, n'a pas été arrêtée à temps dans sa descente, et comme son principal rôle est d'opérer dans ce mouvement le rapprochement des talons, il en résulte que, lorsque ce mouvement est trop étendu, il rapproche les talons l'un de l'autre de plus en plus, et si cette cause persiste, elle détermine l'*encastelure* et beaucoup d'autres désordres.

L'*encastelure* a des caractères qui la distinguent bien de la simple atrophie. Le resserrement qui se remarque dans les sabots encastelés n'existe d'abord que dans les parties postérieures; la pince et les mamelles de la paroi restent souvent larges, tandis que les talons sont tellement rapprochés qu'ils se touchent presque; sa corne est sèche, mais elle n'est ni unie ni polie comme dans l'atrophie; elle a à sa surface des cercles et des sillons qui forment des bourrelets ou des avalures de la corne, que l'on remarque principalement à la corne des quartiers et des talons de tous les sabots des chevaux qui tendent déjà à s'encasteler.

Les résultats occasionnés par l'encastelure sont incomparablement plus graves que ceux amenés par l'atrophie.

En effet, pour que le rapprochement des parties postérieures du sabot détermine l'encastelure, il faut qu'il s'opère des mouvements anormaux qui occasionnent une désorganisation aussi grande de toutes les parties constitutives du pied du cheval.

Ces mouvements anormaux ne peuvent se produire que lorsque le cheval, dans de grands efforts, abaisse la fourchette outre mesure. Pendant ce mouvement exagéré, l'arc formé par le sabot, qui aurait dû revenir sur lui-même, a été brisé, il a perdu son élasticité normale.

Nous pensons qu'il est impossible d'admettre qu'une autre cause que celle-ci, puisse développer tous les désordres résultant de la ferrure actuelle.

Aussitôt que le cheval a été ferré, il s'opère des changements dans le sabot.

Ces changements se manifestent d'abord par un rapprochement des talons, par des cercles qui apparaissent sur la corne; ces effets sont dus à une cause puissante agissant directement sur la naissance de la corne et le bourrelet organe sécréteur de la corne.

Les tiraillements qu'éprouvent les talons pour se rapprocher déterminent une congestion et plus tard une inflammation des parties vives correspondantes; c'est alors que la sécrétion cornée étant modifiée par l'inflammation du bourrelet, il survient des cercles et des dépressions, causes évidentes de souffrances des parties contenues dans le sabot.

Mais pendant le travail de cette sécrétion pervertie et à mesure que la corne pousse, les talons deviennent sensibles, la sécrétion cornée ne s'est pas faite dans des conditions normales, l'animal boite, il apparaît une corne jaunâtre de mauvaise nature; plus tard, elle devient rouge; alors les efforts produits par le poids du corps sur la fourchette ont été si violents qu'il en est résulté une congestion s'étendant dans les vaisseaux sanguins contenus dans le sabot pour développer une fourbure, ou une simple hémorrhagie partielle des parties internes des talons, qui amène une maladie désignée sous le nom de *bleime*.

A ces altérations graves, il en succède de bien plus graves encore; non-seulement les talons se rapprochent, mais l'arc formé par le sabot est brisé, les mamelles et les talons ont perdu leur courbure, le sabot est arrivé à un degré d'encastelure auquel il n'est plus possible de remédier.

C'est alors que la corne a perdu ses fonctions, que le périople qui sert de bande à la partie supérieure de l'ongle est déchiré, que le bourrelet organe sécréteur de la corne a changé de nature par suite des tiraillements qu'il a subis; il survient, soit en pince, soit aux talons, des seimes formant autant de solutions de continuité de la corne; ces solutions de continuité, en pinçant les parties vives, empêchent le meilleur cheval de faire un bon service, sans qu'on puisse y trouver un remède de longue durée. Ces affections guéries en apparence reviennent le plus souvent avec plus d'intensité.

Ces désorganisations font aussi changer la direction des arcs-boutants et des barres qui, d'obliques qu'elles étaient, deviennent horizontales et se rapprochent du centre du pied.

La fourchette, de forte et large qu'elle était, devient petite et humide, en s'altérant ainsi, elle sécrète une humeur âcre et puante qui est le résultat de la maladie de cet organe.

En effet, il existe dans ce cas une véritable maladie de la fourchette due à la pression du coussinet plantaire dont la sécrétion cornée se trouve dans ce cas pervertie pour former une corne molle, humide et imparfaitement sécrétée, qui constitue ce qu'on appelle la fourchette pourrie.

Pendant que toutes ces altérations du sabot surviennent, si on continue d'employer la ferrure actuelle, avec laquelle la fourchette ne rencontre pas d'appui, les articulations des boulets souffrent, les fribro-cartilages de l'os du pied étant distendus, il naît parfois instantanément des *formes* (*exostoses*) dont on ne peut apprécier la cause, qui n'est en réalité que dans la descente trop considérable de la fourchette; les tendons suspenseurs sont tiraillés, ils deviennent douloureux surtout pendant des exercices forcés comme les courses; les douleurs sont alors si grandes que les animaux n'ont plus de solidité, ils tombent et se couronnent; la cause de cette faiblesse devrait toujours être attribuée au mauvais état des pieds des chevaux, que tout le monde peut constater, au lieu de rechercher comme on le fait trop souvent cette cause dans la construction des membres qui, bien que très-mauvaise chez certains chevaux, ne les empêchent pourtant pas d'être solides lorsqu'ils ont de bons pieds.

Mais une altération des plus graves qui se développe encore sous l'influence de la ferrure actuelle des chevaux, c'est la maladie de l'os naviculaire ou du petit sésamoïde.

Ce petit os, qui s'articule à la partie inférieure et postérieure de l'os du pied, sert de poulie au tendon fléchisseur du pied, qui glisse dessus un peu avant qu'il ne s'attache à la face plantaire de cet os.

La face de ce petit os, sur laquelle glisse le tendon fléchisseur, est parfois altérée par des ulcérations du périoste qui le recouvre; alors le passage du tendon sur cette partie rendue malade devient une souffrance intolérable, le cheval est tellement boiteux qu'il est impossible de lui faire faire aucun service.

Tous ces maux surviennent aux chevaux les plus précieux, parce qu'on leur demande plus de services et d'efforts, et il est impossible, maintenant que nous sommes mieux éclairés, de rechercher une autre cause que celle que nous venons d'indiquer. Effectivement, dans la maladie de l'os naviculaire comme dans toutes les autres, la cause existe bien sûrement dans le manque d'appui de la fourchette sur le sol qui, n'offrant pas la résistance nécessaire au coussinet plantaire, force le tendon fléchisseur à produire un frottement extraordinaire sur le petit sésamoïde qui lui sert de poulie et par suite détermine l'inflammation de cette surface.

CHAPITRE VII

DES DIFFÉRENTS SYSTÈMES DE FERRER LES CHEVAUX, EMPLOYÉS SANS SUCCÈS JUSQU'À PRÉSENT POUR PRÉVENIR L'ENCASTELURE ET SES DÉPENDANCES.

Pour prévenir ou guérir une maladie, il est essentiel d'en rechercher d'abord la cause.

Tous les hippiatres sont d'accord pour reconnaître que la ferrure du cheval est une nécessité qui développe le plus grand nombre des maladies des pieds et des membres de cet animal; mais pas un n'a pu encore bien démontrer la principale cause de tant de désordres produits par la ferrure actuelle, aussi a-t-il été très-difficile d'employer un remède assez souverain pour arrêter le mal dans ses progrès.

Malgré ce chaos, beaucoup de savants, après avoir développé leurs théories, ont cherché à modifier la ferrure du cheval, espérant toujours diminuer le nombre des funestes maladies du pied.

Pour faciliter l'écartement des talons, on a d'abord pensé à rapprocher les clous de la pince, afin de laisser plus de liberté aux mouvements des parties postérieures du sabot.

Tout en reconnaissant les avantages de cette méthode, elle n'empêche pas d'éloigner la fourchette du sol, et lorsque le cheval est nouvellement ferré, la surface offerte par les clous n'est pas assez étendue. Si le cheval est appelé à marcher sur un terrain sec et uni, cette ferrure fait opérer un mouvement de bascule au sabot qui contraint les tendons fléchisseurs à s'étendre et à faire trop abaisser la fourchette par le poids qui lui est transmis à sa face supérieure.

Solleysel et bien d'autres, depuis lui, pour détruire toute espèce de pression sur les talons et pour leur laisser la plus grande liberté d'action, avait recommandé de ferrer les chevaux avec un fer dont les branches étaient tronquées dans le tiers de leur longueur; ce fer, qui avait la forme d'un croissant, était appelé encore fer à *lunette*; lorsqu'il était appliqué au pied du cheval, il laissait les talons et la fourchette éloignés du sol.

Cette ferrure avait l'inconvénient de ne pas permettre à la fourchette de toucher le sol pendant l'appui, les extrémités du fer ne se prolongeaient pas jusqu'aux talons, où elles auraient pu trouver une résistance convenable; en s'appuyant que sur la sole, elles y déterminaient des machures.

Non-seulement cette ferrure n'offrait pas assez d'étendue pour que l'aplomb fût convenable, mais encore si le hasard voulait que le sabot portât sur un terrain inégal, alors les talons et la fourchette n'étant point protégés pouvaient être souvent blessés.

La ferrure anglaise détruit quelques-uns des inconvénients de la ferrure française, elle n'a pas l'avantage comme celle-ci de permettre aux chevaux nouvellement ferrés de ne pas glisser sur un terrain uni; mais cet avantage, qui n'existe dans la ferrure française que pendant quelques jours, en attendant l'usure des clous qui font saillie, ne peut pas être compensé par le meilleur aplomb qu'assure la ferrure anglaise pendant toute sa durée. En donnant une surface plane dans toute l'étendue du sabot, le poids s'appuie sur toute la face plantaire également, sans provoquer le mouvement de bascule en arrière qui tend toujours à tirailler les tendons. On obtient ce résultat parce que le fer est attaché au sabot au moyen de clous dont les têtes sont petites, et qu'elles disparaissent dans les étampures faites dans de profondes rainures.

Mais si cette ferrure offre quelques avantages, elle ne remplit pas le but qu'on doit se proposer, car l'épaisseur du fer seule éloigne assez la fourchette du sol pour qu'elle ne le rencontre pas, et puis le fer empêchant l'usure des talons qui tendent toujours à s'accroître augmente encore cet éloignement.

En Angleterre, James Burner mit en usage un *fer à étampures unilatérales*. Ce fer avait été appliqué au pied du cheval pour laisser la plus grande liberté de s'ouvrir à l'arc que forme la paroi. Ce fer était maintenu au pied comme l'est le fer à la *turque* que l'on place aux pieds des chevaux qui se coupent, en mettant des clous d'un seul côté du sabot. L'usage de cette ferrure fut promptement abandonné, parce que les chevaux se déferraient facilement à cause de son manque de solidité, et parce qu'elle n'empêchait pas le resserrement du sabot.

Bracy-Clarck, suivant son idée de faciliter l'écartement

de la paroi, avait imaginé de ferrer les chevaux avec un *fer articulé en pince*. Ce moyen, quoique très-ingénieux, était peu praticable, parce que la charnière nécessaire en pince était bientôt usée. Lorsqu'elle était détruite, les chevaux se déferraient souvent; aussi a-t-on bientôt refusé de se servir de cette ferrure. Il en a été de même de celle préconisée par quelques auteurs, qui consistait à ferrer les chevaux avec des fers à *plusieurs compartiments*. Bien que ces quatre, cinq ou six parties composant le fer fussent appliquées préalablement sur un morceau de cuir de la forme du bord de la paroi, cette ferrure n'en était pas moins très-peu solide. Elle avait de plus le principal inconvénient de toutes les autres, d'éloigner la fourchette du sol.

Le *fer à pantoufle* a été employé dans le but de diminuer l'encastelure du sabot. Ce fer, qui a la forme ordinaire, offre seulement à ses extrémités et à sa face supérieure un plan incliné de dedans en dehors qui correspond aux talons du sabot, qu'il empêche de se rapprocher. En effet, cette ferrure, appliquée sur un sabot chez lequel l'encastelure commence, peut en arrêter le progrès; nous avons eu occasion de l'employer. Sans avancer que nous en ayons été entièrement satisfait, nous pouvons dire qu'avec ce fer, nous avons vu le rapprochement des talons se ralentir, mais les animaux n'en ont pas moins continué à souffrir.

Il en est d'ailleurs de même de tous les moyens employés pour désencasteler les sabots; on arrive très-bien à éloigner l'un de l'autre les talons serrés; mais quoique cet éloignement se fasse graduellement, il ne peut s'opérer sans déterminer des décollements souvent plus nuisibles que l'encastelure elle-même. Cet écartement, que les désencatelleurs obtiennent par leur puissance, est combattu par une autre force qui réside dans le poids du corps et qui est transmise à la fourchette impuissante à résister à cet effet, à moins de rencontrer, dans son abaissement, le terrain pour lui servir de point d'appui. Comme ces ferrures ne donnent aucun moyen à la fourchette d'avoir ce point d'appui, il en résulte que si le mal ne progresse pas aussi vite avec elles, ce n'est que parce qu'il est seulement enrayé sans être complètement détruit.

D'ailleurs, il est facile de juger de l'activité de ces moyens mécaniques par l'emploi qu'on en fait pour obtenir l'écartement des talons déjà resserrés. En effet, quoi que ces moyens soient ingénieux et vantés par leurs auteurs, les expériences qui ont été faites de toutes ces inventions en présence d'hommes compétents ont prouvé que dans quelques cas elles avaient obtenu du soulagement, sans pour cela arriver à une guérison complète, et dans la majorité des cas elles avaient été sans effets. La preuve évidente de ce que nous avançons, c'est que, malgré le grand nombre de chevaux encastelés, peu ou point sont mis en traitement au moyen des désencastelleurs.

A une certaine époque, vers 1830, on recommandait, en parant le sabot du cheval, de négliger d'enlever avec le boutoir beaucoup de corne, et surtout de ne pas toucher à la fourchette qui devait rester avec toute son ampleur et toute sa forme.

Cette habitude, qu'on avait prise avec raison, avait été indiquée par le célèbre Bracy-Clark. Cet auteur a voulu démontrer dans son ouvrage que, dans le mouvement élastique du sabot, il existait un écartement dans toute l'étendue des parties postérieures du sabot; il recommandait alors de laisser le plus possible la fourchette intacte, non pas dans le but essentiel de lui faire toucher immédiatement le sol, comme nous l'avons déjà expliqué, mais l'intention de Bracy-Clark était de la conserver plus forte pour qu'elle offrît plus de résistance au poids qui, selon lui, contribue à l'écartement des talons.

La méthode de cet hippiatre n'a pas obtenu de meilleurs résultats que les autres. Néanmoins, en ne suivant pas ce système d'une manière absolue, mais en prenant ce qu'il avait de bon, on pouvait commencer à entrevoir la vérité.

Bracy-Clark reconnaissait seulement qu'il fallait laisser toute la fourchette, mais il devait aller plus loin et décider comme nous, que la fourchette devait être mise à même de rencontrer souvent le sol ou du moins un plancher offrant la même résistance.

L'avantage que nous avons constaté de laisser la fourchette dans son ampleur, c'est qu'alors elle est protégée par une corne plus épaisse et plus dure pouvant résister à tous les corps étrangers.

Appelé très-souvent à donner notre avis sur la ferrure du cheval, nous avons toujours recommandé, comme une chose très-essentielle, de laisser subsister la fourchette dans toute sa force et de n'y jamais toucher. Nous ne voulions pas, comme Bracy-Clark, offrir à la fourchette une résistance plus grande qui forçât les parties postérieures du pied à s'écarter. Mais ayant déjà expérimenté que le sabot se resserrait en raison directe de l'éloignement de la fourchette du sol, nous voulions lui laisser tout son volume, pour qu'elle eût la facilité de l'atteindre plus souvent et plus tôt.

Notre expérience nous a prouvé que bien que la fourchette fût conservée avec tous ses avantages, l'épaisseur du fer et la croissance des talons l'éloignaient toujours trop du sol pour qu'elle puisse l'atteindre, et que dans le cas où on voudrait abaisser les talons pour que le fer fut au niveau de la fourchette, ils devenaient si bas qu'ils étaient sensibles et faisaient produire au pied un mouvement de bascule en arrière qui avait le plus grave inconvénient en déterminant des tiraillements et des désordres préjudiciables.

Depuis quelques années, il a surgi des idées contraires à celles que nous venons de signaler. On entend dire souvent par les plus ignorants : Quand un cheval boite ce ne peut être que parce que la fourchette ou le petit pied (ainsi que la fourchette est appelée vulgairement) porte sur le sol, et qu'en frappant le terrain même le plus uni la fourchette est rendue plus sensible, et qu'alors elle est le siége de la claudication.

Lorsque la fourchette a conservé sa corne et qu'on a négligé de la parer, elle est plus capable de résister qu'aucune autre partie du sabot, par son organisation toute particulière qui constitue un coussin mou et élastique.

Tandis que si l'on vient à enlever la corne qui protége les parties sous-ajentes d'une fourchette volumineuse et molle, on laissera à nu les parties sensibles qui seront facilement altérées lorsqu'elles rencontreront des corps pointus ou tranchants.

En poursuivant ces idées qui sont erronées, on est arrivé, pour vouloir soustraire la fourchette à toute espèce d'atteinte, à la parer jusqu'aux parties les plus vives, à enlever les barres, les arcs-boutants et à laisser les talons le plus élevé possible, afin qu'à la place de la fourchette il y ait un vide qui puisse permettre au sabot de laisser pénétrer une portion de terrain pour lui servir de résistance ; en faisant tout, enfin, pour que la fourchette soit éloignée du sol, et qu'elle ne puisse pas l'atteindre, craignant que les corps qui la toucheraient la détérioreraient, la fouleraient et nuiraient par là à l'écartement du sabot.

Nous aimons à croire que ces principes n'existent que dans l'imagination des ouvriers maréchaux, qui ne voient de bonnes ferrures que lorsque le pied a été paré jusqu'à la *rosée*, après avoir tranché avec habileté la paroi, la sole, les barres et la fourchette, sans avoir fait saigner le pied.

Il serait temps cependant de diriger le talent manuel de beaucoup d'ouvriers maréchaux, afin de leur faire comprendre combien leur manière de faire est vicieuse et nuisible aux pieds des chevaux, de leur démontrer l'avantage d'un système plus rationnel de parer les pieds, et capable avec une nouvelle ferrure de remédier à tous les maux dont ils ne sont coupables qu'indirectement, puisque les hommes les plus compétents restent indécis sur cette question jusque là difficile à résoudre.

Dans certaines parties de la France et surtout dans les parties humides de l'Allemagne, on remarque beaucoup de chevaux avec des sabots larges et des talons bas.

Pour remédier à cet inconvénient, on a recommandé de ferrer ces chevaux avec des fers à éponges épaisses. Dans quelques contrées de l'Allemagne on ne s'est pas contenté de ce moyen, on a ajouté aux éponges des crampons d'une hauteur parfois de deux centimètres, pour donner aux parties postérieures une élévation capable d'empêcher la fourchette de toucher le sol, et pour que les tendons fléchisseurs ne soient pas continuellement tiraillés.

Cette méthode, qui paraît avoir quelques raisons d'être puisqu'elle est continuée sur le plus grand nombre des chevaux tirés d'Allemagne, est le moyen le plus certain de développer chez les chevaux ainsi ferrés tous les désordres que nous avons indiqués; en voulant remédier à un mal, il s'en produit un plus grand. Nous avons pu en juger quand nous avons visité des chevaux venant d'Allemagne; le plus souvent nous avons constaté que les chevaux ainsi ferrés étaient atteints bientôt de *bleimes*, de *seimes* et de *talons encastelés*.

La ferrure à *planche* paraît au premier abord remplir la principale condition qu'exige notre système de ferrure, c'est-à-dire qu'elle offre le moyen d'arrêter la fourchette dans sa descente.

La pratique a démontré les avantages qu'on peut retirer de cette ferrure. En effet, aussitôt qu'un cheval souffre des talons, soit à la suite de *bleimes*, soit de *seimes*, soit encore de leur rapprochement, on fait éprouver de grands soulagements à l'un des talons malades en empêchant que ce talon n'appuie sur le sol ; on y arrive en employant le fer à planche. Ce fer soustrait le mal à toutes espèces d'atteintes, et il fait plus encore, il empêche à la cause qui l'a déterminé de se reproduire. C'est en maintenant ainsi la fourchette, pour qu'elle ne s'abaisse pas outre mesure, que les talons n'ont pas de raison de se rapprocher.

C'est ainsi qu'on a vu la ferrure à *planche* appliquée sur des sabots dont les talons avaient seulement un commencement d'altération, se rétablir et le mieux se maintenir encore quelque temps, si l'on continue à ferrer les chevaux avec le fer à planche.

Si la pratique prouve que la ferrure à planche est d'une grande ressource pour guérir dans beaucoup de cas des lésions, résultat de l'application malheureuse de la ferrure ordinaire, il est donc rationnel d'admettre que la cause génératrice de tous les désordres des parties postérieures du sabot réside dans la secousse et le tiraillement des talons pendant l'abaissement de la fourchette, puisque lorsque cet abaissement est arrêté par la traverse du fer à planche les souffrances du pied disparaissent.

Les arabes ferrent les sabots des membres antérieurs de leurs chevaux avec des fers qui diffèrent peu du fer à planche.

La ferrure arabe consiste à appliquer sur le pied un fer à extrémités contournées se croisant sans être unies; les extrémités suivent le contour des talons pour les protéger, ainsi que la fourchette, sur laquelle elles appuient.

Pour préparer le sabot à recevoir le fer, ils touchent

peu à la corne, elle est laissée dans les proportions que la nature commande. Ils considèrent que la pince du sabot doit subir l'usure plus que les autres parties, pour cette raison ils appliquent le fer de façon que la pince déborde et que cet excédant de corne en pince soit enlevée comme devant être usée pour que le cheval soit d'aplomb.

Cette ferrure offre les avantages de celle à planche. Les arabes seuls restèrent avec leurs anciens errements, ils s'en tiennent aux moyens les plus simples et les plus sages. Cette prudence est due à l'amour qu'ils conservent pour le cheval, qui révèle en eux une intuition pour tout ce qui se rattache à ce noble animal.

On a souvent dit que les chevaux arabes, importés en France, devenaient boiteux quelque temps après la sortie de leur pays. Jusqu'à présent, bien qu'on ait constaté sur beaucoup de chevaux arabes entrés en France l'encastelure de leurs sabots, on ne s'est pas encore rendu un compte exact de la cause qui amenait l'encastelure. Quelques auteurs ont prétendu qu'elle existait principalement dans la différence du sol et surtout dans celle du climat. Pour notre compte, nous ne jugeons pas ces raisons suffisantes pour nous y arrêter. Il serait plus rationnel d'admettre que la ferrure française, n'ayant plus l'avantage d'arrêter la fourchette, devint une cause incessante de toutes les boiteries que nos officiers français voient apparaître sur leurs chevaux lorsqu'ils rentrent en France; et si ces claudications naissent en Afrique sur les mêmes chevaux, c'est que ceux-ci sont ferrés par nos maréchaux français, qui négligent, bien entendu, d'employer la ferrure arabe, qu'ils regardent comme provenant d'hommes moins intelligents qu'eux.

Si la ferrure à planche et la ferrure arabe ont des avantages, hâtons-nous de démontrer qu'elles ont encore des inconvénients qui les font rejeter pour l'usage habituel.

Ces ferrures ne peuvent être employées longtemps parce qu'elles ont les inconvénients de détruire l'aplomb du cheval, de le faire glisser, de manquer de solidité et de déterminer l'atrophie de la fourchette.

En effet, lorsque le fer à planche est appliqué et qu'il est maintenu, soit par des clous français, soit par des clous arabes dont les têtes sont fortes et exubérantes, surtout celles des clous arabes dont la forme est celle de la tête d'une sauterelle.

Ces têtes de clous, par leur réunion, offrent un cercle beaucoup plus élevé que la partie postérieure du fer qui est dégarnie de clous; par ce moyen, lorsque cette ferrure est nouvelle, elle a l'inconvénient de ne pas permettre à toute l'étendue de la surface plantaire de s'appuyer sur le sol.

Lorsqu'au contraire ce fer est maintenu par des clous anglais, ou que l'usure des clous français a donné une surface plane, alors, par le frottement, cette surface est devenue unie et glissante, les chevaux qui sont appelés à marcher sur le pavé ou sur les routes macadamisées n'ont plus la même assurance dans leurs allures; souvent cette ferrure est cause de leur chute.

La ferrure à planche ne peut se maintenir longtemps sans être ébranlée, car lorsque l'appui se fait sur la traverse du fer, c'est une grande puissance agissant comme l'extrémité d'un levier qui, par des efforts répétés, arrache les clous du fer.

La cause que nous venons de désigner n'est pas la seule qui produit le déferrement du cheval, il en existe d'autres.

Le fer à planche déborde les talons et la fourchette, il offre par cette raison plus de surface; les fers des sabots postérieurs viennent le frapper, et dans les terrains boueux et irréguliers les chevaux, avec cette ferrure, ont de la peine à se retirer.

L'un des plus graves inconvénients de la ferrure à planche, c'est quand elle est appliquée de manière à appuyer sur un talon et la fourchette, ou sur la fourchette seulement. Quoique dans beaucoup de cas, elle soit très-utile pour soustraire les parties malades à l'appui du sol, elle devient très-nuisible lorsqu'on est forcé de la prolonger, car la fourchette est tellement comprimée entre le poids du corps et la pression de la traverse qui est poussée par le sol, qu'elle s'applatit, diminue de volume, et cette atrophie est préjudiciable aux mouvements élastiques du sabot.

Le fer à planche, avec sa traverse au niveau du fer, n'offre pas non plus l'avantage que l'on doit rechercher dans la ferrure en général; cet avantage consiste à maintenir de l'élévation aux talons, tout en permettant à la fourchette de trouver un soutien dans la traverse.

En effet, si les talons sont trop haut, la traverse du fer à planche sera trop éloignée de la fourchette, et si les talons sont trop bas, le fer à planche n'offre pas le moyen de les élever.

Coleman, l'un des professeurs les plus distingués du collége vétérinaire de Londres, partant du principe fondamental que le sabot du cheval se resserre toujours quand la fourchette n'est pas constamment soumise à une pression perpendiculaire, a inventé une fourchette artificielle qui consistait dans une pièce de fer triangulaire, ayant la forme de fourchette, et d'une lame d'acier transversale élastique faisant ressort. Cette lame, placée sous les branches du fer, entre elles et la fourchette artificielle, devait repousser la fourchette naturelle, en exerçant une pression constante sur elle, à quelque profondeur qu'elle fût située dans l'excavation de la sole.

Cet appareil, que Coleman avait inventé plutôt pour remédier au resserrement du sabot que pour le prévenir, avait été imaginé par son auteur dans l'espoir qu'un semblable mécanisme serait assez puissant pour contre-balancer le mouvement de retrait que l'on suppose exister, lorsque les chevaux sont condamnés à un repos trop prolongé. Ce système a échoué comme tous les autres employés jusqu'alors, parce qu'il était établi sur de faux principes qui, bien qu'en donnant la forme, ne remplissaient pas le but qu'on devait atteindre, puisqu'au contraire il est facile de démontrer que cette ferrure entraîne les deux inconvénients les plus graves.

Si nous devons, comme dans la nature, laisser la fourchette s'abaisser jusqu'à ce qu'elle doive atteindre le sol, et que sa descente, dans les plus grands efforts du cheval, ne soit pas plus étendue que dans les sabots des chevaux qui n'ont jamais été ferrés, nous devons trouver que l'invention de Coleman est loin de remplir notre but, car le maintien au fer de sa fourchette artificielle par une lame d'acier élastique, n'offre pas une résistance assez considérable; elle n'est pas susceptible, dans de grands efforts, d'arrêter l'abaissement de la fourchette, le poids du corps qui réagit dessus est trop lourd pour qu'elle le supporte ; alors, cette lame se pliant au gré de la descente de la fourchette, ne peut produire l'effet d'un plancher résistant pour remplacer le sol.

D'ailleurs cette lame d'acier, continuellement en jeu, devait être peu solide et ses fonctions de peu de durée ; son mouvement de ressort étant trop souvent répété devait être bientôt détruit.

L'élasticité de cette lame d'acier, en déterminant une pression constante sur la fourchette, pouvait en diminuer le volume et lui enlever une partie de son élasticité.

Cette pression constante de la fourchette, qu'il était si nécessaire de produire, selon Coleman, est au contraire très-préjudiciable ; ce qui le prouve, c'est que la nature se refuse à employer ce moyen chez le cheval comme chez tous les animaux qui jouissent à leurs extrémités d'un coussin élastique qui ne doit être mis en fonction que momentanément. Mais l'inconvénient devient bien plus menaçant si, par suite de l'inégalité du terrain, la fourchette vient à être pressée, car loin d'être protégée par l'appareil élastique, elle ressent le contre-coup qui lui est porté par la fourchette artificielle interposée entre elle et la lame d'acier; dans ce cas, l'effet qui se produit est semblable à celui que peut causer un caillou entré sous le pied du cheval, et qui le fait boiter.

Après avoir passé en revue les moyens préconisés pour

rendre moins grands les désordres produits par la ferrure, nous pouvons avouer que pas un n'a rendu les services qu'on devait attendre, et malgré la science de leurs inventeurs, leurs systèmes ont été abandonéns faute de remplir les conditions désirables capables de diminuer les souffrances occasionnées par la ferrure.

Aussi, après avoir étudié tous ces moyens avec soin et les avoir expérimentés, nous sommes arrivé à reconnaître que le mal n'était pas où ils l'avaient vu, mais qu'il était dû à *l'abaissement* de la fourchette descendant par une mauvaise ferrure forcément si bas qu'elle *resserrait* les talons.

Pour éviter que ce mouvement soit considérable, il nous a paru nécessaire d'ajouter au fer une traverse ou plancher assez résistant pour recevoir sans fléchir le poids du corps qu'elle doit supporter même dans les plus grands efforts, et pour protéger aussi la fourchette, sans qu'elle soit comprimée dans l'appui du pied sur le sol.

Nous avons donné à cette *traverse* le nom de *froy-stay* ou *arrête-fourchette* (fig. 1 et 2), parce qu'elle doit servir d'étai ou de soutien à la fourchette.

CHAPITRE VIII

DESCRIPTION D'UNE NOUVELLE MÉTHODE DE FERRER LES CHEVAUX, PROPRE A PRÉVENIR LES MALADIES DE LEURS SABOTS ET DÉMONTRER SES AVANTAGES PAR DES FAITS PRATIQUES.

Notre nouvelle méthode de ferrure est appelée à prévenir les graves maladies des pieds des chevaux.

Pour établir notre démonstration, nous n'avons voulu, pour être dans le vrai, faire nos recherches que dans l'étude des secrets de la nature, sans lesquels les plus grands savants tombent dans l'erreur, tandis que le plus humble observateur, en les devinant à force de recherches, peut jeter un grand jour sur une question comme la ferrure du cheval, restée obscure jusqu'à présent.

L'observateur attentif, qui, pendant trente ans, s'est fait comme nous un devoir de profiter de toutes les occasions de méditer sur les causes qui altèrent le sabot du cheval, doit considérer les changements que la ferrure actuelle opère dans le pied de cet animal, comme le coup le plus violent qui puisse atteindre ses services; car dès les premières ferrures, le sabot du cheval ne remplit plus déjà ses fonctions normalement.

Tandis que les chevaux qui n'ont pas été ferrés à l'âge de

4 à 8 ans et même jusqu'à 16 ans, comme nous en avons vu souvent, n'ont éprouvé aucune maladie. S'ils ont vécu sur un terrain convenable et qu'ils n'aient été soumis qu'à un léger exercice, la corne s'est usée régulièrement ; les talons restent larges, la paroi est dépourvue de cercles, les talons sont sains, ils ne sont altérés ni par les bleimes, ni par aucune sensibilité.

C'est en observant ce qui se passe dans le sabot, mis dans de semblables conditions, qu'on peut juger exactement de l'usure de la corne du sabot du cheval.

La partie du sabot qui use le plus promptement est la pince de la muraille ; c'est elle qui, malgré son épaisseur et sa croissance rapide, qui a par suite de son frottement sur le sol, le plus tôt besoin d'être protégée par la ferrure ; les talons supporteraient volontiers de n'être pas ferrés, leur usure est en rapport avec leur croissance.

Cette différence d'usure, qui existe dans les parties qui composent le bord plantaire ou inférieur de la paroi, ne prouve-t-elle pas que la nature a prévu qu'il devait en être ainsi pour que les talons restassent toujours assez élevés, afin de maintenir le cheval dans ses aplombs et limiter le mouvement de bascule en arrière par l'appui plus prompt des talons sur le sol ; par ce moyen naturel, on doit conserver les tendons fléchisseurs du pied dans leur flexion normale, tandis que s'il en était autrement, ils devraient indubitablement souffrir du tiraillement qu'ils subiraient si les talons étaient bas.

Il résulte de ce fait que pour favoriser l'aplomb du pied, il est nécessaire, en ferrant le cheval, pour opérer selon la nature, d'abattre le plus qu'on peut la pince du sabot et de conserver la hauteur des talons.

Il est utile aussi de renouveler la ferrure toutes les fois qu'il sera démontré que la pince du sabot est trop longue, afin d'enlever cette exubérance de corne qui, protégée par le fer, en empêche l'usure et rendrait inévitablement sa croissance capable de dévier les aplombs du pied. En conservant au sabot une longueur de pince peu en rapport avec les talons bas, on oblige nécessairement la face plantaire du sabot à former un plan dont l'obliquité tendrait à faire supporter le poids du corps par les tendons suspenseurs des boulets.

Si la nature nous donne des indications aussi précises en nous fournissant la preuve que chez le cheval, pour que son pied soit d'aplomb, il est rationnel de conserver toute la hauteur et la force des talons, il est facile de démontrer que chez tous les autres animaux c'est une règle dont il ne faut pas se départir, et qu'en ne la suivant pas, il peut se produire chez eux des douleurs dues aux efforts musculaires contre nature qu'ils sont obligés de faire.

L'homme lui-même n'éprouve aucune peine à marcher avec des chaussures qui lui élèvent les talons; cette pratique n'a jamais eu d'inconvénient, et quand elle s'est bornée à une juste mesure, elle a eu l'avantage de soulager, mais ces avantages deviennent plus palpables, lorsque l'un des membres est raccourci par quelque infirmité; alors, il y a nécessité d'ajouter à la chaussure un talon d'une grande élévation qui puisse atteindre le sol assez tôt pour empêcher l'action des muscles malades;

sans cette précaution, la marche deviendrait non-seulement fatigante, mais douloureuse.

Dans quelques contrées, les chaussures ont peu ou point de talons; les gens qui s'en servent font encore de longues routes sans se fatiguer; ils se sentent plus souvent à l'aise pour marcher longtemps, quand la chaussure est garnie d'un talon large et un peu élevé.

Si donc, le marcheur peut supporter une chaussure dont la semelle et les talons soient au niveau, il est prouvé qu'il est encore mieux à son aise lorsque le talon est légèrement élevé.

Mais, si l'on établissait le contraire, c'est-à-dire si on élevait la semelle pour diminuer la hauteur du talon, celui qui se servirait de cette chaussure serait à tout instant exposé à se déchirer des fibres musculaires et à rendre les tendons douloureux, ainsi que cela se voit chaque fois que nous mettons la pointe du pied sur une élévation sans que le talon atteigne le sol; c'est alors qu'il survient des accidents qui amènent des entorses ou autres altérations.

Lorsque, par des preuves aussi palpables, il est démontré à l'homme le plus ignorant que dans tous les cas, la face plantaire de son pied doit être élevée dans la partie postérieure ou en talon pour qu'il puisse marcher à son aise, nous devons, avec des enseignements aussi certains, ne pas négliger de donner à la face plantaire du sabot du cheval la même élévation aux talons, pour éviter que cet animal soit soumis à de fréquents efforts articulaires et tendineux qui pourraient naître, si les talons du sabot étaient trop bas ou la pince trop longue.

Ce principe reconnu par les hommes qui s'occupent avec intelligence de la ferrure du cheval, est recommandé et mis en usage dans beaucoup de maréchaleries; mais ainsi que nous l'avons dit déjà, il est toujours exécuté en laissant la fourchette éloignée du sol, soit par suite de la trop grande élévation des talons auxquels il faut encore ajouter l'épaisseur du fer, soit par la mauvaise habitude qu'ont beaucoup de maréchaux d'enlever une partie de la fourchette pour diminuer son volume.

Il est donc vrai qu'on n'a pas su encore donner de l'élévation aux talons du sabot du cheval, tout en conservant à la fourchette la facilité de s'arrêter dans sa descente.

Le moyen de concilier ces deux idées est le seul but à atteindre pour que le pied du cheval, étant ferré, soit dans les mêmes conditions de celui qui ne l'est pas.

Pour suppléer au sol que la fourchette atteint toujours dans les grands efforts quand les animaux n'ont jamais été ferrés, nous avons inventé le *frog stay* ou l'*arrête-fourchette* qui sert de *plancher* (fig. 1 et 2), de *soutien* à la fourchette, et que nous employons dans notre nouvelle méthode de ferrer les chevaux.

Cette méthode a l'avantage, tout en prévenant les principaux désordres du pied du cheval occasionnés par la ferrure, de ne rien changer à l'ancienne pratique de ferrer les chevaux ; parce qu'elle seule, de l'avis des praticiens, est appelée à protéger convenablement la face plantaire de tous les sabots des chevaux qui avec elle peuvent, sans craindre d'altérer la corne, parcourir de grandes distances sur les plus mauvais terrains,

Il s'agit, tout simplement, lorsque le fer est préparé pour le pied, d'ajouter à la face supérieure de ce fer une *traverse* en *fer inflexible*, maintenue à chaque extrémité ou en talons par des clous d'une forme particulière, qu'il est, ainsi que nous le démontrerons plus tard, très-essentiel d'employer dans ce cas.

Avant d'appliquer le fer sous le pied, il est bon de parer le sabot avec tous les avantages que notre nouveau système réclame.

Bien que nous voulions laisser aux anciens errements le soin d'indiquer comment le sabot doit être paré pour recevoir telle ferrure que l'on croira convenable d'appliquer dans les différents cas qui pourront se présenter, il faut cependant qu'il soit bien arrêté en principe que la *pince* du sabot *devra être diminuée le plus possible*, sans que pour cela elle soit *rendue sensible*; que les *talons*, les *arcs-boutants* et les *barres* conservent leur forme, leur résistance, et que *leur élévation* soit en *rapport exact avec celle de la fourchette*.

La première chose que font les maréchaux, c'est en se servant du rogne-pieds, d'abattre en tranchant obliquement les talons, les arcs-boutants et les barres.

S'il est nécessaire que ces parties du sabot soient parées, nous ferons à ce sujet une recommandation des plus utiles, c'est que le maréchal devra toujours enlever cette exubérance en tenant son instrument *horizontalement*, de façon que les *talons*, les *arcs-boutants* soient à *la même hauteur* pour qu'à *eux deux ils forment un plan uni et assez large sur lequel appuiera le frog-stay* ou *arrête-fourchette* (fig. 7 et 9).

Tout en enlevant à la *sole* ce qu'elle peut avoir de trop, il faut cependant lui ménager l'épaisseur avec laquelle elle sera protégée des corps étrangers qui, en la rencontrant, pourraient l'altérer, et qu'elle soit assez résistante pour recevoir l'impulsion qui lui est transmise par le poids du corps qu'elle doit supporter à sa face supérieure pour contribuer à l'écartement de la paroi.

La *fourchette*, que tous les maréchaux, même ceux des grandes villes, s'empressent *de diminuer en la tranchant jusqu'aux parties vives, doit au contraire être conservée intacte*, et si parfois une légère partie doit être ôtée avec l'instrument tranchant, c'est avec les plus grandes précautions qu'on doit enlever les quelques filaments qui pourraient dépasser la hauteur des talons; car dans tous les cas, le sabot une fois paré pour recevoir le fer, la fourchette ne doit pas dépasser le niveau des talons, et si la hauteur de ceux-ci n'est pas exactement celle de la fourchette, ils ne doivent dans aucun cas dépasser son niveau au plus d'un millimètre, afin que le *frog-stay arrête-fourchette* (fig. 7 et 9), en s'appuyant sur les deux talons et les arcs-boutants, ne fasse qu'effleurer la fourchette pour que celle-ci, sans être comprimée, puisse être arrêtée aussi promptement dans sa descente que si le sabot qui n'a jamais été ferré rencontrait le sol.

Lorsque le sabot sera paré, ainsi qu'il vient d'être indiqué, que le maréchal aura préparé le fer ordinaire pour le pied, et qu'après l'avoir fait porter sur le pied pour s'assurer que le fer est bien fait pour le pied, qu'il est enfin convenablement ajusté, il n'aura plus qu'à ajouter au fer ainsi préparé le *frog-stay* ou l'*arrête-fourchette* (fig. 7 et 9).

Le *frog-stay*, *arrête-fourchette* (fig. 1 et 2), consiste en une lame en fer inflexible dont la longueur est proportionnée à l'espace qui existe entre les talons du sabot; nous en avons établi de trois longueurs, afin que l'on puisse toujours en ajouter un au fer destiné au plus petit comme au plus large sabot.

L'épaisseur et la largeur de cette lame sont encore proportionnées à leur longueur.

Cette lame en fer peut avoir dans toute sa longueur la même largeur, mais elle peut offrir un prolongement dans sa partie médiane, à laquelle on donne la forme de la fourchette, destiné à la recouvrir, à la protéger et pour qu'elle ait un appui plus étendu.

Lorsqu'on aura choisi le *frog-stay* qui doit être ajouté au fer et que la mesure en aura été prise exactement, on devra, à chaque extrémité, sur la face qui doit porter sur les talons et les arcs-boutants du sabot, en limant cette face obliquement, établir un plan légèrement incliné d'arrière en avant (fig. 8 et 10) pour que la ferrure offre plus de régularité et qu'il n'y ait pas d'espace vide entre le fer et la corne.

Pour maintenir le *frog-stay* au fer ordinaire, il est utile que celui-ci ait une étampure à chaque éponge et que ces étampures soient percées avec un poinçon d'un diamètre plus considérable que celui qu'on emploie habituellement; c'est afin de permettre à un clou *ad-hoc* (fig. 3 et 4) d'une tige plus forte d'entrer dans l'ouverture qui devra être carrée ou ronde.

Lorsque les ouvertures à chaque extrémité du fer seront bien établies (fig. 7 et 9), nous n'aurons plus qu'à mettre le *frog-stay* en place, et au moyen des ouvertures déjà faites aux éponges on pourra marquer juste où il faut que des ouvertures pareilles doivent être faites à l'arrête-fourchette. (fig. 5 et 6).

En ayant cette marque certaine on n'aura plus qu'à mettre la traverse au feu, et lorsqu'elle sera rouge, avec le même poinçon qui a servi à percer les éponges du fer, on fera une ouverture en rapport exact avec elle. Dans le cas où on voudrait se servir de clous à tiges rondes pour maintenir le frog-stay au fer, on pourrait tout simplement percer ensemble et à froid le fer et le frog-stay au moyen d'une mèche (fig. 2 et 4).

Le clou qui doit maintenir le *frog-stay* aux extrémités du fer a besoin d'une confection particulière.

La tige, beaucoup moins longue que celle des autres clous à cheval, n'a besoin d'avoir qu'une longueur qui puisse traverser l'épaisseur du fer et de l'arrête-fourchette; elle doit être un peu plus forte et d'une forme carrée ou ronde pour offrir plus de résistance et établir plus facilement un rivet qui devra contribuer puissamment à maintenir cette traverse assez solide pour pouvoir résister dans tous les cas.

Nous avons voulu simplement employer le clou à cheval ordinaire, l'expérience nous a prouvé qu'il ne pouvait pas suffire à cet usage; malgré tous les soins que nous avions pris pour maintenir le frog-stay par ce moyen, ce dernier s'est trop souvent séparé du fer pour que son emploi soit continué.

La tête de ce clou *ad hoc* doit avoir la forme donnée aux autres clous à cheval. Une partie s'enclave dans l'étampure du fer pour maintenir solidement unies les parties entre elles malgré l'usure du fer.

La partie de cette tête de clou qui ressort de l'étampure donne un avantage marqué à la ferrure.

C'est surtout lorsque les chevaux viennent d'être ferrés avec la ferrure française qu'il est utile d'adjoindre un clou avec une tête qui ressort de l'étampure (fig. 7 et 8), car si les chevaux ferrés à neuf sont plus susceptibles de devenir boiteux, ce n'est pas seulement parce que la ferrure est lourde et que les clous ont pénétré dans la corne, c'est bien plus encore parce que l'appui des parties postérieures du fer sur le sol ne peut se produire qu'en obligeant le pied à faire un mouvement de bascule en arrière qui détermine encore des distensions tendineuses.

Tandis que si on prend la précaution d'ajouter à chaque talon un clou dont la tête permette que la pince et les talons soient au même niveau, il en résultera que le pied sera d'aplomb; sans employer ce moyen, on obtient cet aplomb avec la ferrure française lorsque les têtes de clous sont complètement usées. Aussi tous ceux qui se servent de chevaux préfèrent-ils pour faire une longue route que le cheval soit ferré depuis quelques jours.

Si la ferrure française a l'avantage d'empêcher de glisser les chevaux sur certains terrains, si les pieds sont retenus par les clous qu'on emploie pour maintenir le fer, elle a aussi le grave inconvénient de les prédisposer à beaucoup d'accidents qui peuvent être prévenus par l'application d'un clou aux talons du fer.

Si la ferrure anglaise, comme elle est établie dans les bonnes maréchaleries, est préférée par un grand nombre de personnes, c'est qu'elle n'offre pas les inconvénients qui existent dans la ferrure française.

Le fer anglais est maintenu au sabot du cheval au moyen de clous qui diffèrent des clous français en ce que la tête de ces clous est petite et aplatie (fig. 4); elle disparaît presque entièrement dans une étampure pratiquée dans une rainure qui entoure le fer (fig. 9 et 10); aussi dès le premier jour de la ferrure anglaise, si le pied du cheval n'a pas de clous exubérants au fer pour l'empêcher de glisser, il n'a pas du moins le grave inconvénient de détruire ses aplombs.

Cette ferrure se prête tout aussi bien que la ferrure française à ce qu'on lui ajoute le *frog-stay* (fig. 9 et 10), mais à la seule condition que le clou qui sera destiné à le maintenir au fer, au lieu d'avoir une tête de clou à cheval français, aura une tête de clou à cheval anglais (fig. 4), que l'on obtiendra soit en modifiant la tête des clous à tiges fortes déjà fabriqués, ou en leur donnant la forme de tête nécessaire pendant leur fabrication.

Il est toujours utile que les quatre fers du cheval soient munis de l'arrête-fourchette, car les fourchettes des sabots postérieurs sont destinées, comme les fourchettes des sabots antérieurs, à toucher le sol dans de grands efforts. Mais le besoin s'en fait moins sentir pour les pieds postérieurs, ces sabots ne sont pas destinés comme les antérieurs à supporter une grande partie du corps.

Les membres postérieurs ont une organisation articulaire et musculaire assez puissante pour leur permettre de supporter le plus ordinairement le poids qui leur est transmis ; ce n'est guère que lorsque le cheval a besoin de faire de grands efforts tout en ayant les membres engagés sous le corps que les tendons et les articulations supportent un poids tellement considérable qu'ils en transmettent une partie aux sabots ; dans ce dernier cas, la fourchette subit un abaissement qui peut devenir préjudiciable en faisant resserrer les talons.

Bien que les occasions se présentent encore assez souvent pour qu'il soit utile d'employer le *frog-stay* aux sabots postérieurs, nous reconnaissons cependant que s'il arrive qu'on remarque des lésions graves des sabots postérieurs provenant de la ferrure, ce n'est que rarement, comparativement à celles que l'on constate malheureusement trop souvent dans les sabots antérieurs.

Si en négligeant d'employer le *frog-stay* dans la ferrure des pieds postérieurs, le cheval ne court pas de grands risques ; il n'en est pas de même des pieds antérieurs qui sont à tout instant sous le coup de subir des altérations, si on oublie d'ajouter le *frog-stay* aux fers.

Nous considérons cet oubli tellement grave que, depuis que nous faisons ferrer des chevaux avec notre nouveau système, nous attachons la plus grande importance à la solidité du *frog-stay* ; nous préférerions voir le cheval se déferrer entièrement pour que la fourchette puisse appuyer sur le sol, que de voir le fer perdre son *arrête-fourchette*, sans lequel nous craindrions que dans un grand effort la fourchette, ne rencontrant pas de quoi s'appuyer, entraînât les talons vers le centre et ne brisât l'arc formé par la paroi.

C'est pourquoi nous attachons une grande importance à ce que le clou destiné à attacher l'arrête-fourchette au fer, soit d'une fabrication particulière et propre à rendre cette union assez solide pour que jamais elle ne puisse faillir.

L'expérience nous a donné raison. En renouvelant celles que nous avons faites, on pourra se convaincre de cette vérité.

Ces expériences consistent à prendre deux chevaux de 4 et 5 ans qui n'auront jamais été ferrés, et dont les pieds se trouveront dans les mêmes conditions, qu'ils aient les mêmes conformations, que leur corne ait la même consistance, et que les chevaux aient été élevés dans des terrains semblables.

L'un de ces chevaux sera ferré selon la méthode ancienne, en laissant beaucoup d'espace entre la fourchette et le sol, l'autre sera ferré selon notre méthode, qui consiste à ajouter au fer le *frog-stay* ou arrête-fourchette pour servir de soutien à la fourchette.

Ces deux chevaux devront faire le même service, sur un terrain sec et uni comme sur les routes impériales pendant l'été, ou un temps sec.

Dès les premières ferrures, on pourra déjà établir une légère différence dans les sabots des deux chevaux ; mais six mois après, en mesurant la largeur des talons des deux sabots, la différence sera assez sensible pour qu'on puisse constater que les talons du sabot ferré avec le fer sans le *frog-stay*, se seront rapprochés d'un demi-centimètre, et si on continue l'expérience pendant un an, ils seront rapprochés d'un centimètre. En même temps que ce rapprochement se sera opéré, il sera survenu, le plus souvent, des cercles à la corne qui dénoteront que les talons sont sensibles ou affectés de bleimes.

Au contraire, dans les sabots ferrés avec des fers auxquels on a ajouté le *frog-stay*, c'est à peine si on peut reconnaître la plus légère différence dans la largeur des talons ; ils sont restés, pour ainsi dire, dans le même état et sans qu'ils aient la moindre apparence de sensibilité qui puisse empêcher leurs services.

Cette expérience, qui paraît assez concluante, pour la rendre encore plus palpable, si cela est possible, peut être faite sur un seul cheval; en ferrant, un sabot d'une façon et l'autre de l'autre, on aura exactement le résultat obtenu sur les deux ferrures mises en expérience sur les deux chevaux.

Mais si on continue cette expérience pendant des années, les changements qui s'opèrent surtout sur les chevaux vigoureux et énergiques qui sont appelés à faire de grands efforts, sont tellement remarquables qu'on est obligé de reconnaître que le *frog-stay* ou *arrête-fourchette* est le seul moyen de prévenir les altérations du sabot du cheval les plus préjudiciables à son service.

L'avantage de cette ferrure, c'est que tout en rendant les services qui viennent d'être signalés, elle ne nuit, dans aucune occasion aux allures du cheval qui peut impunément rencontrer avec son pied des corps étrangers sans qu'ils puissent atteindre la fourchette.

En inventant une ferrure propre à prévenir les principales maladies du pied du cheval, nous croyons avoir rendu un service réel à l'armée, au luxe, à l'industrie et à l'agriculture, parce que nous avons atteint ce but, qu'il vaut beaucoup mieux prévenir les maladies que d'être appelé à les guérir. Ce but est très-important, car les maladies qui surviennent sous l'influence d'une mauvaise ferrure et que nous avons à combattre, sont dans la majorité des cas incurables.

Ces maladies, quoique prises au début, et malgré tous les moyens mis en usage pour les arrêter, ont toujours fait des progrès, parce que tous ils ont été vains, puisqu'ils ne détruisaient pas la cause jusque là inconnue.

Maintenant que la cause essentielle du développement de l'encastelure et autres affections du pied est signalée, nous ne guérirons pas l'encastelure à tous les degrés, mais nous arrêterons le progrès du mal, en appliquant notre nouvelle ferrure.

Consulté plusieurs fois pour des chevaux dont les talons des sabots antérieurs étaient cerclés et avaient une tendance à se resserrer, dès que nous avons pu nous convaincre que l'arc formé par la paroi était intact, qu'il n'était pas brisé, que le bourrelet avait été seulement légèrement ébranlé, nous avons obtenu de grandes améliorations dans le pied malade.

Après avoir fait déferrer le cheval, nous l'avons fait mettre en liberté pendant quinze jours ou un mois dans une prairie humide ou dans une écurie dont le sol est argileux et assez humide, pour ôter complètement la douleur et l'inflammation des bourrelets.

Lorsque l'inflammation est bien détruite, que le mal

a été guéri, en appliquant notre nouvelle ferrure, nous n'avons plus vu reparaître les mêmes accidents.

Mais lorsque le sabot est encastelé au dernier degré, que les talons et les quartiers sont tellement rapprochés que l'arc de la paroi est brisé, on ne peut que pallier cette maladie sans pouvoir jamais arriver à la guérir.

Connaissant toute la profondeur du mal qu'occasionne la ferrure du cheval, nous sommes heureux de présenter un moyen infaillible de préserver le pied du cheval de ses plus funestes maladies.

RÉSUMÉ

La ferrure du cheval actuelle, au moyen de clous, est un mal reconnu nécessaire.

Les altérations occasionnées dans le pied du cheval par cette ferrure sont si graves que les pertes en sont incalculables; on peut cependant avancer sans crainte d'être démenti, que l'application du fer sous le sabot du cheval par les moyens actuels, diminue au moins la moitié de ses services.

Jusqu'à présent, malgré les recherches les plus minutieuses et les expériences des vétérinaires les plus savants et les plus pratiques, on n'a pas encore trouvé le moyen de prévenir les maladies causées par la ferrure.

Cette difficulté est principalement due à l'obscurité qui existe dans la connaissance des mouvements élastiques des parties postérieures du sabot.

En dehors de la flexibilité inhérente à la nature du

tissu de la corne du sabot du cheval, il est reconnu qu'il existe un mécanisme élastique dans tout l'appareil corné du sabot, composé de trois parties principales qui sont, la muraille ou paroi, la sole et la fourchette avec son périople qui entoure le bord supérieur de la paroi.

Malgré quelques rares dissidents, il est admis par la majorité des vétérinaires et des autres hommes qui s'occupent du cheval que, pendant l'appui du sabot sur le sol, il se produit tout simplement un écartement de la paroi beaucoup plus étendu vers les parties postérieures du pied, et que cet écartement, une fois opéré, la sole et la fourchette ne recevant plus le poids du corps pendant que le membre est en l'air, la paroi par ses propriétés élastiques revient sur elle-même pour se resserrer.

Tandis que nous avons démontré d'une manière évidente que, si pendant la pression de la sole par le poids du corps, la paroi subit un écartement surtout des parties postérieures, il s'opère en même temps un resserrement de l'extrémité des talons, par suite de deux mouvements de la fourchette qui tendent simultanément à modérer l'écartement des talons.

Le premier de ces mouvements se manifeste pendant l'appui de la pince du sabot, qui fait que les parties postérieures et internes du pied se portent en avant. Le coussinet plantaire, dont la forme est conique, s'avance avec la fourchette qui lui tient lieu de fourreau, et comme ils sont intimement liés, la fourchette suit son mouvement en avant qui tend à arrêter l'écartement des talons.

Le second mouvement, qui est le plus essentiel à étudier, se produit pendant que la fourchette s'abaisse sous le poids du corps. Pour que ce mouvement soit efficace, il faut que la fourchette rencontre le sol assez tôt, afin qu'il serve seulement à maintenir l'écartement des talons.

Si maintenant le mécanisme du sabot est évidemment celui qui vient d'être démontré, lorsque le sabot sera ferré, la fourchette se trouvera trop éloignée du sol pour l'atteindre ; alors les deux mouvements de la fourchette, qui étaient disposés à arrêter l'écartement des talons, deviendront autant de causes qui devront les resserrer, si rien n'arrête la fourchette dans sa descente. C'est ainsi que la ferrure occasionne l'encastelure et les autres altérations en déterminant des tiraillements des parties vives du pied du cheval.

Toutes ces considérations sont appuyées par les recherches que nous avons faites :

1° Dans l'analogie qui existe dans les mouvements des extrémités des animaux ;

2° Dans les altérations qui surviennent au pied du cheval avec la ferrure actuelle ;

3° Dans le peu de résultats obtenus par les différentes ferrures employées jusqu'à nos jours pour prévenir le mal.

Par suite de toutes ces observations, nous avons été amené à inventer le *frog-stay* ou *arrête-fourchette*, une traverse en fer inflexible, destinée à être ajoutée au moyen de clous *ad hoc* au fer ordinaire, pour servir de plancher et de soutien à la fourchette.

L'usage de cette nouvelle ferrure donne la preuve qu'elle a l'avantage de prévenir toutes les altérations du pied du cheval occasionnées par l'ancienne ferrure.

EXPLICATION DES FIGURES

CONTENUES DANS LA PLANCHE

Fig. 1re. Frog-stay (arrête-fourchette) non préparé. Il en existe de plusieurs dimensions, afin de pouvoir en ajuster à tous les fers.

Fig. 2. Frog-stay (arrête-fourchette) avec son appendice non préparé. Il en existe aussi de plusieurs dimensions.

Fig. 3. Deux clous destinés à maintenir le frog-stay (arrête-fourchette) au fer français ordinaire. Ils ont des tiges carrées ou rondes, mais assez fortes pour qu'elles puissent former des rivets solides; leurs têtes ont la forme de celles des clous à cheval français.

Fig. 4. Deux clous destinés à maintenir le frog-stay (arrête-fourchette) au fer anglais ordinaire. Leurs tiges sont semblables à celles des clous précédents, mais leurs têtes ont la forme de celles des clous à cheval anglais.

Fig. 5. Frog-stay (arrête-fourchette) préparé pour être ajouté soit au fer français, soit au fer anglais.

Fig. 6. Frog-stay (arrête-fourchette) avec son appendice, préparé pour le même emploi que le précédent.

Fig. 7. Fer français, vu de face, de grandeur naturelle, auquel on a ajouté le frog-stay (arrête-fourchette) préparé.

Fig. 8. Fer français, vu de profil, pour indiquer le plan incliné que forme l'extrémité du frog-stay destinée à s'appuyer sur le talon du sabot, et pour montrer le plan horizontal que doivent former les clous qui attachent le fer au sabot avec ceux qui maintiennent le frog-stay au fer.

Fig. 9. Fer anglais, vu de face, de grandeur naturelle, auquel on a ajouté le frog-stay (arrête-fourchette) avec son appendice préparé.

Fig. 10. Fer anglais, vu de profil, pour démontrer le plan incliné du frog-stay et le peu de saillie des têtes de clous anglais.

TABLE DES MATIÈRES

Introduction..................................... v

PREMIÈRE PARTIE.

Chapitre Ier. De la nécessité de ferrer les chevaux...... 9
Chapitre II. De la ferrure à clous et ses progrès....... 11
Chapitre III. Du mécanisme des mouvements élastiques du sabot du cheval, d'après différents auteurs..... 16

DEUXIÈME PARTIE.

Chapitre IV. De l'élasticité du sabot du cheval, considérée sous un nouveau point de vue............... 25
Chapitre V. De l'analogie qui existe dans les mouvements des extrémités de tous les animaux.............. 27
Chapitre VI. Comment surviennent les altérations du pied du cheval avec la ferrure actuelle............... 38
Chapitre VII. Des différents systèmes de ferrer les chevaux employés sans succès jusqu'à présent, pour prévenir l'encastelure et ses dépendances......... 49
Chapitre VIII. Description d'une nouvelle méthode de ferrer les chevaux, propre à prévenir les maladies de leurs sabots; ses avantages démontrés par des faits....................................... 65
Résumé... 81
Explication des figures contenues dans la planche....... 85

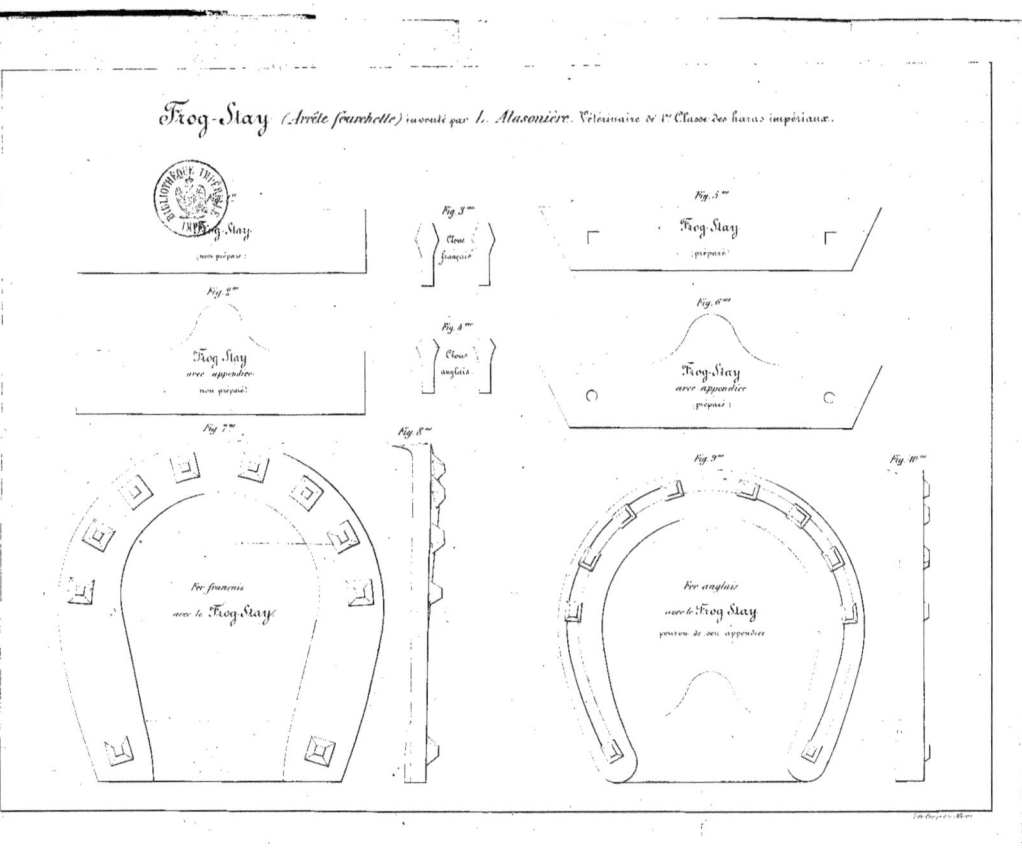

230

www.ingramcontent.com/pod-product-compliance
Lightning Source LLC
Chambersburg PA
CBHW070319100426
42743CB00011B/2485